数字媒体交互设计 中级

App产品交互设计方法与案例

威凤教育 主编

人民邮电出版社

北 京

图书在版编目（ＣＩＰ）数据

数字媒体交互设计. 中级 ：App产品交互设计方法与案例 / 威凤教育主编. -- 北京 ：人民邮电出版社，2021.5（2024.7重印）
ISBN 978-7-115-54995-2

Ⅰ. ①数… Ⅱ. ①威… Ⅲ. ①移动终端－应用程序－程序设计－职业技能－鉴定－教材 Ⅳ. ①TP3

中国版本图书馆CIP数据核字(2020)第199486号

内 容 提 要

本书针对 App 产品交互设计新人，通过案例深入浅出地讲解了 App 产品交互设计的思维、方法和技巧。

本书共 10 章，系统讲解了 App 产品交互设计的要素、规范、流程和工具，App 项目管理和协作方法，App 产品交互创意的梳理方法，App 产品流程图、原型图的制作方法，以及组件设计、微交互设计、运营设计等内容，并辅以 App 项目实战案例，带领读者一步步加深对 App 产品交互设计的认知，提升工作能力。本书重点章后附有同步强化模拟题和作业，以帮助读者检验知识掌握程度并学会灵活运用所学知识。

本书内容丰富、结构清晰、语言简练、图文并茂，具有较强的实用性和参考性，不仅可作为备考数字媒体交互设计"1+X"职业技能等级证书的教材，也可作为各院校及培训机构相关专业的辅导书。

◆ 主　　编　威凤教育
　　责任编辑　牟桂玲
　　责任印制　王　郁　彭志环

◆ 人民邮电出版社出版发行　　北京市丰台区成寿寺路 11 号
　　邮编　100164　　电子邮件　315@ptpress.com.cn
　　网址　https://www.ptpress.com.cn
　　北京天宇星印刷厂印刷

◆ 开本：800×1000　1/16
　　印张：13.75　　　　　　　　　2021 年 5 月第 1 版
　　字数：267 千字　　　　　　　2024 年 7 月北京第 13 次印刷

定价：79.90 元

读者服务热线：(010)81055410　印装质量热线：(010)81055316
反盗版热线：(010)81055315
广告经营许可证：京东市监广登字 20170147 号

出版说明

在信息技术飞速发展和体验经济的大潮下，数字媒体作为人类创意与科技相结合的新兴产物，已逐渐成为产业未来发展的驱动力和不可或缺的能量。数字媒体通过影响消费者行为，深刻地影响着各个领域的发展，消费业、制造业、文化体育和娱乐业、教育业等都受到来自数字媒体的强烈冲击。

数字媒体产业的迅猛发展，催生并促进了数字媒体交互设计行业的发展，而人才短缺成为数字媒体交互设计行业的发展瓶颈。据统计，目前我国对数字媒体交互设计人才需求的缺口大约在每年20万人。数字媒体交互设计专业的毕业生，适合就业于互联网、人工智能、电子商务、影视、金融、教育、广告、传媒、电子游戏等行业，从事网页设计、虚拟现实场景设计、产品视觉设计、产品交互设计、网络广告制作、影视动画制作、新媒体运营、3D游戏场景或界面设计等工作。

凤凰卫视传媒集团成立于1995年，于1996年3月31日启播，是亚洲500强企业，是华语媒体中最有影响力的媒体之一、以"拉近全球华人距离，向世界发出华人的声音"为宗旨，为全球华人提供高素质的华语电视节目。除卫星电视业务外，凤凰卫视传媒集团亦致力于互联网媒体业务、户外媒体业务，并在教育、文创、科技、金融投资、文旅地产等领域，进行多元化的业务布局，实现多产业的协同发展。

凤凰新联合（北京）教育科技有限公司（简称"凤凰教育"）作为凤凰卫视传媒集团旗下一员，创办于2008年，以培养全媒体精英、高端技术与管理人才为己任，从职业教育出发，积极促进中国传媒艺术与世界的沟通、融合与发展。凤凰教育近十年在数字媒体制作、设计、交互领域，联合全国百所高校及凤凰卫视传媒集团旗下300多家产业链上下游合作企业，培养了大量的数字媒体交互设计人才，为数字媒体交互设计的普及奠定了深厚的基础。

威凤国际教育科技（北京）有限公司（简称"威凤教育"）作为凤凰教育全资子公司，凤凰卫视传媒集团旗下的国际化、专业化、职业化教育高端产品提供商，在数字媒体领域从专业人才培养、商业项目实践、资源整合转化、产业运营管理等方面进行探索并形成完善的体系。凤凰教育为教育部"1+X"证书制度试点"数字媒体交互设计职业技能等级证书"培训评价组织，授权威凤教育作为唯一数字媒体交互设计职业技能岗位资源建设、日常运营管理单位。

为深入贯彻《国家职业教育改革实施方案》（简称"职教20条"）精神，落实《关于在院校实施"学历证书+若干职业技能等级证书"制度试点方案》的要求，威凤教育根据多年的教学实践，并紧跟国际最新的数字媒体技术，自主研发了这套数字媒体交互设计"1+X"证书制度系列教材。

本系列教材按照"1+X"职业技能等级标准和专业教学标准的要求编写而成，能满足高等院校、职业院校的广大师生及相关人员对数字媒体技术教学和职业能力提升的需求。本系列教材还将根据数字媒体技术的发展，不断修订、完善和扩充，始终保持追踪数字媒体技术最前沿的态势。为保证本系列教材内容具有较强的针对性、科学性、指导性和实践性，威凤教育专门成立了由部分高等院校的教授和学者，以及企业相关技术专家等组成的专家组，指导和参与本系列教材的内容规划、资源建设和推广培训等工作。

威凤教育希望通过不断的努力，着力推动职业院校"三教"改革，提升中职、高职、本科院校教师实施教学能力，促进校企深度融合，为国家深化职业教育改革、提高人才质量、拓展就业本领等方面做出贡献。

威凤国际教育科技（北京）有限公司

2020年9月

前言
Foreword

随着科学技术的飞速发展，数字媒体交互设计已然与大众的生活、工作紧密结合，成为一个内涵广阔的新兴产业。在信息技术的强力推动下，各公司对数字媒体交互设计人才的需求日益增加，各大教育教学机构也越来越关注数字媒体交互设计人才的培养，并开设了相应的专业和课程。目前，数字媒体交互设计的人才培养已经进入迅猛发展的阶段，这为数字媒体交互设计从业人员和教育工作者提供了机遇。基于此，本书针对App产品交互设计新人，详细地讲解了App产品交互设计的思维、方法和技巧，旨在帮助读者由浅入深地了解从事App产品交互设计工作所需掌握的基本技能，快速提高职业素养。

本书内容

本书共10章，各章的具体内容如下。

第1章为"App产品交互设计入门"，主要讲解App产品用户体验的5个层面以及App产品设计的原则、流程和工具等内容，帮助读者对App产品交互设计有一个初步的认识。

第2章为"团队协作管理App项目"，主要讲解了App项目中如何进行有效协作并对项目进行科学的管理，包括团队协作方法和项目管理工具的使用方法。

第3章为"梳理App产品交互设计创意"，以思维导图及其绘制工具为核心，详细讲解了梳理App产品交互设计创意的方法，并利用思维导图分析在线教育类App产品和阅读类App产品两个设计案例的结构，帮助读者深入领会其交互设计的创意思路。

第4章为"制作流程图"，详细讲解了流程图的基本概念、绘制工具以及使用流程图分析App产品的方法。

第5章为"App产品交互原型设计"，主要讲解了原型图的绘制流程，以及如何使用原型绘制工具制作原型图。

第6章为"移动端App产品设计规范"，基于iOS和Android系统，详细讲解了移动端App产品设计中的常用单位和设计规范。

第7章为"组件设计"，主要讲解了移动端UI组件的设计方法以及各组件的使用方法，并以案例的方式帮助读者掌握其设计要点。

第8章为"微交互设计"，主要讲解了微交互的基础知识，并通过案例帮助读者领会微交互效果的设计方法。

第9章为"运动类App产品设计全流程"，通过一个运动类App产品的设计案例，将App产品交互设计的相关知识点串联起来，全流程展示App产品交互设计的思维和方法。

第10章为"App产品运营：喜马拉雅如何通过运营手段成为行业先锋"，通过拆解喜马拉雅不同发展时期的运营策略，帮助读者领会App产品运营的思维和方法。

本书特色

1. 内容丰富，理论与实操并重

本书内容由浅入深，先理论后实操，整体节奏循序渐进，通过理论解析＋案例拆解的模式，帮助读者快速地了解、熟悉、掌握App产品交互设计的相关知识、设计工具、设计流程和设计方法。

2. 章节随测，同步集训

本书重点章后附有同步强化模拟题和作业，方便读者随时检测学习效果，查漏补缺。

读者收获

学习完本书后，读者可以熟练掌握App产品交互设计的思维、方法及技巧，并且能够为进一步学习VR/AR产品交互设计打下良好的基础。

本书在撰写过程中难免存在错漏之处，敬请广大读者批评指正。本书责任编辑的电子邮箱为 muguiling@ptpress.com.cn。

编　者

目录 Contents

第 1 章

App产品交互设计入门

数字媒体交互设计是关于用户行为的设计，是对人与机器之间的行为逻辑进行定义，从而使人能够获得愉悦的体验。数字媒体交互设计关注的重点是交互行为的设计。本章将要学习的App产品交互设计是关于人和手机之间的行为逻辑的定义，通过本章的学习，读者可以对App产品交互设计有一个初步的认识，为后续学习奠定基础。

1.1 认识App产品

本节主要介绍App产品的概念和目前市场上App应用的主流操作系统，以便让读者对App产品有一个整体的认识。

1.1.1 什么是App

App是Application的缩写，一般指安装在智能手机上的第三方应用程序。用户主要从手机的应用商店中下载App，比较常用的应用商店有苹果手机的App Store、华为手机的应用市场等。

随着智能手机的普及和网络速度的提升，最近几年移动端应用市场飞速发展，涌现了一批手机必备的App，如微信、支付宝、今日头条、抖音、美团等，如图1-1所示。

图1-1

1.1.2 认识手机操作系统

App产品的运行，与智能手机操作系统休戚相关，智能手机操作系统是支持App产品运行的基础。目前主流的智能手机操作系统有iOS和Android，还有一些市场份额占比相对较小的操作系统，如Windows Phone、Symbian OS（塞班）、BlackBerry OS（黑莓）、Web OS、Windows Mobile、Harmony OS（鸿蒙）等。

由于篇幅所限，本书重点介绍iOS和Android。

1. iOS

iOS是由苹果公司开发的手持设备操作系统，主要应用在苹果公司的产品上，如iPhone、iPad、iPod等。iOS是一个封闭的系统，采用沙河运行机制，第三方程序不能后台运行，并且有严格的App审核机制，整体App的质量和安全性都更好，用户体验也更流畅。

2. Android

Android是由谷歌公司开发的移动操作系统，不同于iOS，它是一个开放的操作系统，采用虚拟机运行机制，任何程序都可以在后台运行。因为Android的开放性，使很多智能手机操作系统都加入Android联盟中，像国内比较知名的小米MIUI、华为EMUI、OPPO ColorOS等。但因为运行机制和后台制度不同，Android的流畅性不如相同条件下的iOS。

1.2 App产品用户体验的5个层面

用户体验是App产品设计的重点，它直接决定着用户使用的情绪感受。对用户体验进行设计的目的是确保用户所经历的和感受的体验都在设计的预期之内，也就是说用户所经历的感受，所产生的情绪反应都是设计师有意识的设计结果。用户体验是一个持续的过程，它是由用户产生不同的行为后所产生的感受及情感组合而成的，而这种感受及情感的产生是由交互的行为动作所引发的。在整个用户体验设计的过程中，设计师需要考虑用户有可能采取的每一步行动，以及用户在行动的过程中的期望值。

用户体验有5个层面，即表现层、框架层、结构层、范围层、战略层，这是用户体验设计的指导框架，如图1-2所示。这5个层面层层相扣，下一个层面是上一个层面的决策基础，也就是说上层是建立在下层的基础之上的。其中，框架层决定了表现层的视觉表达，结构层决定了框架层的布局，范围层决定了结构层的内容，战略层是范围层的制定依据。每一个层面都影响着上一个层面的表现，这种连锁效应使设计的过程成了自下而上的建设梯队。较低层的任何改动或变更，都需要重新评估上一层面的决策方案。

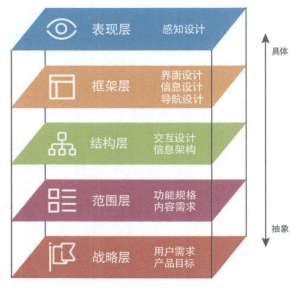

图1-2

1.2.1 战略层

　　设计的成败取决于战略层的制定，它是范围层、结构层、框架层、表现层的决策基础。导致设计失败的原因，往往不是技术，也不是用户体验，而是错误的战略目标。明确战略目标，即明确产品目标和用户需求，是设计开始的基础，因为它直接影响着后面各个层面的决策。例如，支付宝的蚂蚁森林的存在并不是解决支付宝如何赚更多钱的问题，而是解决如何提升用户使用率的问题。蚂蚁森林从战略层上有效地提升了支付宝的活跃度。蚂蚁森林的公益服务，使用户对支付宝的好感增强，从而使支付宝积极正面的品牌形象更加深入人心。

　　用户需求是战略层关注的重点，是整个设计的核心。所有设计服务的对象都是用户，用户的需求决定着设计存在的必要性。这就意味着App产品在开始设计之前，需要先对用户进行深入的研究，从用户的行为模式和思维模式中深入挖掘用户需求，这些需求决定着设计最终的产出形态。

1.2.2 范围层

　　当战略目标被确定后，要根据战略目标决定可以为用户提供哪些内容和功能。战略层决定的是要干什么，范围层决定的是怎么干。例如，在对用户进行调查研究之后发现，在早上上班的高峰期打车是一件很困难的事，人们上班高峰期打车就是经过调研之后发现的用户需求。为了满足这个需求，滴滴出行提出了使用私家车扩容市场供给，从而在很大程度上解决了用户出行的问题。范围层决定了功能和内容，在对用户进行调研时会发现，用户的需求不止一个，这就意味着设计师需要根据用户调研所挖掘的需求进行分析，对需求进行优先级判定，从中找出用户的一级需求，也就是痛点。范围层就是根据战略层，即需求，对App产品的内容和功能进行判断，从而决定可以给用户提供哪些功能特性。

1.2.3 结构层

在结构层，就要对范围层所决定的需求和内容进行整理，使原本零散的部分组合成整体。结构层将战略层、范围层的决策信息，由抽象转化为具象。App产品的交互设计被规划在了结构层，这里的交互更多地被界定为"可能的用户行为"。逻辑性是结构层关注的重点，无论是面向交互的行为动作顺序还是面向信息架构的层级关系，都要思考如何快速、有效地向用户传递信息。

1.2.4 框架层

在框架层，要对结构层进行进一步的提炼。如果说结构层是"骨架"，那么框架层就是"血肉"。结构层决定了以何种方式进行运作，框架层则界定了以何种功能和形式实现。

框架层面的设计，就是对界面、导航和信息进行详尽的设计与规划。在对App产品中的交互元素进行设计时，要基于用户最常采用的行为方式进行界面布局，以便使用户能够以最便捷的方式获取和使用，从而降低用户的学习成本。界面设计用于确定界面的大框架，明确按钮、输入框、图片、文本的确切位置。导航设计是信息中的指引者，它能清楚地告诉用户，他们从哪里来，他们在哪里，他们可以去哪里。框架层的信息设计是微观的信息架构，设计师要对界面上的信息进行具体分类，遵循用户的使用习惯对界面上的信息进行优先级的排列。

1.2.5 表现层

表现层是关于感知的设计，是用户感受体验的第一站，它决定着设计最终以何种方式、何种形态被用户的感觉器官所感知到。框架层中的界面设计考虑的是交互元素的布局问题，导航设计考虑的是引导用户在页面间移动的元素的安排问题，信息设计考虑的是信息传达给用户的排序问题。而表现层的感知设计是架构在框架层上的，是对交互元素进行感知的呈现。人类有五感，即嗅觉、味觉、触觉、听觉和视觉。研究表明，人类在通过感知获取认知的过程中，视觉约占85%，听觉约占11%，嗅觉、味觉和触觉总共只占3%～4%。可见在表现层中，视觉设计起着举足轻重的作用，但是要注意的是，视觉设计是由表现层下面的4个层面决定的，是表现层下面的4个层面的具象表达。在对App产品的交互设计进行评价时，应该思考的是视觉的表达对表现层之下的4个层面的支持效果如何。

1.3 App产品设计原则

App产品设计作用的对象是用户，只有从用户的角度出发，深入、全面地了解用户的需求，才能做出具有良好用户体验的设计。在设计App产品时，需要遵循一些设计原则，这些原则包括主体－背景原则、接近性原则、相似性原则、连续性原则、封闭性原则、对称性原则、共同命运原则。

1.3.1 主体－背景原则

主体－背景原则是基于人的眼睛和意识在感知事物时，具有能自动将主体和背景的视觉区域进行区分的功能，如图1-3所示。

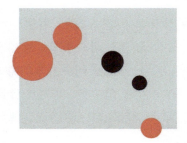

图1-3

主体是指在一个场景或界面中占据观者主要注意力的所有元素，其余的元素在此时则是背景。当主体与背景重合时，会对观者的视觉系统产生影响，人们的视觉系统倾向将小的物体视作主体，而把大的物体当作背景。在用户界面设计中主体－背景原则的应用很广泛，例如，通过处理，将图像中的某些部分变成背景，从而使主体变得更为突出，这样既可以显示更多的信息，也可以吸引用户的注意力。

　　图1-4所示的是腾讯视频App和爱奇艺视频App的界面，它们为了凸显通知的重要性，都使用了主体－背景原则，使通知的信息能够高效地传达给用户。

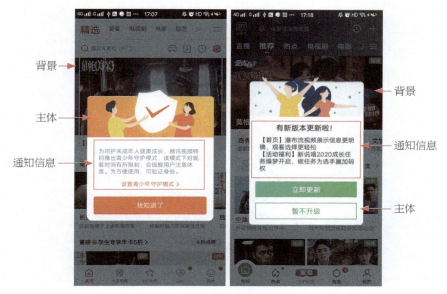

图1-4

1.3.2 接近性原则

　　物体与物体之间的相对距离会影响人们的感知。相较于距离较远的两个物体，彼此靠近的两个物体看起来更像是一个组合，两个物体越接近，被视觉系统自动组合在一起的可能性就越大。在App产品的交互设计中使用接近性原则将相似的元素安排在相近的位置上，从而让人们感受到项目整体的结构和顺序，减轻用户对信息资源的认知压力，允许他们一次性处理一类信息。在图1-5中，圆形和长方形的距离不同，使人们在下意识中将它们分成了不同的部分。

图1-5

　　某商品展示页面设计使用的就是接近性原理，每个商品的关键信息，如可选的颜色、尺寸、价格等都显示在商品图像的底部。相同的信息顺序、相同的风格、相同的交互形式，都表明了它们具有相同的特征表现，从而减轻了用户的认知压力，如图1-6所示。

图1-6

1.3.3　相似性原则

　　相似性原则与接近性原则类似，但它们是两个不同的概念，接近性原则强调的是物体的位置，而相似性原则强调的是物体的内容。在视觉系统上，相似性原则主要指在形状、颜色、大小、纹理等方面相似的客体易在视觉上被感知为一个整体。人们通常会把一些具有相同特征（如形状、颜色、大小等）的事物归在一类，即人们在视觉上会将感知到的相似部分汇总成一个组。这表明当人感知元素时，会将具有一个或几个特征的组合作为相关的一个大项，仔细观察图1-7所示的3组图形，体验相似性原则的运用手法。因此，在App产品的交互设计中赋予同一类的布局元素相同或相似的视觉特征，可以让用户更好地对内容和各个板块进行区分。

图1-7

网易云音乐App 的页面导航和樊登读书App 的页面导航也都使用了相似性原则，如图1-8所示，统一的视觉风格、统一的色调表明这些图标具有相似的功能，属于相同的信息层级。用户的视觉会自觉地将相类似的事物进行归类，从而默认它们具有相似的功能属性。

图1-8

1.3.4 连续性原则

人的视觉系统是将客体作为连续的整体而不是零散的碎片进行感知的。因而，连续性原则主要根据一定的规律秩序，通过不同的片段内容进行引导，如图1-9所示。当多个元素在页面上以同一方向排列出现时，眼睛会产生强烈的线性感知，这种感知不仅加强了人们对信息分组的感知，而且还可以帮助人的眼睛在页面中根据视觉引导顺畅地移动，从而提高页面信息的可阅读性。

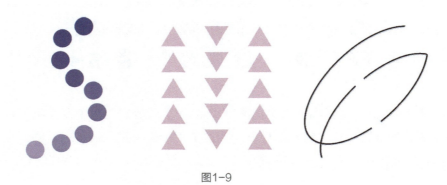

图1-9

在App产品的交互设计中，经常会用到连续性原则，常见的形式有轮播图、泳道、列表等。

轮播图则一般会出现在首页，当用户打开应用程序时，轮播图会自动地进行左右滑动播放，连续性的设计使用户获得了更多的信息。

在图1-10中，红色的导航使用了泳道的设计，没有显示完整的图标表明还有更多的内容可以通过滑动获得，连续性的设计使人的视线沿着线性的引导进行移动。

图1-10

微信页面中的导航设计也使用了连续性原则。当元素对齐时，其产生的连续性使视线的移动性增强，行和列的线性排列是连续性最好的示例，整齐的排列形成了视觉引导线，不仅加强了用户对信息分组的感知，而且使整个页面具有一种秩序感。音乐播放器的歌单列表也是如此，如图1-11所示。

图1-11

1.3.5 封闭性原则

封闭性原则即指当元素不完整或不存在时，依然可以被人们所识别。因为视觉系统在感知上的整体性，人们总是习惯性地将图形当作一个整体看待，于是便会将所缺少的图形部分在脑海中补充完整，使之呈现出人们最终能够识别出来的完整图形的样子。如图1-12所示，即使没有呈现出完整的三角形和圆形，人们依然会在脑海中自动补充出缺失的部分。

图1-12

封闭性原则的应用可以有效地解决信息冗余的问题。如图 1-13 所示，电子钱包中的卡片即使显示不全，也不影响用户对它的认知。省略和减法的处理，不仅可以节省空间，同时也可以让用户产生联想。爱奇艺 App 首页的导航分类较多，很难在同一个页面中显示出所有的导航信息，封闭性原则可以使用户在潜意识中自动地进行信息补充，引导用户通过交互的方式查看更多的信息内容，如图 1-14 所示。

图1-13

图1-14

1.3.6 对称性原则

对称性原则就是将复杂的东西进行简单化的分解。人类的视觉区域对信息的处理不只会进行组合，也会对复杂的信息进行自动组织和解析，使事物简单化并赋予它们以对称性。协调的对称元素不仅给人一种简单、舒服、愉快的感觉，而且能够帮助人们更加专注于一些重要的事情。对称性原则具有的秩序性、稳定性、规律性，更利于人们的眼睛捕捉信息和理解信息的含义。因此，通过对称性原则传递信息会更快、更高效。当然，对称的作品有时也会给人一种静止和沉闷的感觉，而视觉的对称性更加趋向于有趣的和动态的效果，在原本对称的设计中添加一些不对称的元素在打破沉闷的同时吸引人的注意力。在 App 产品的交互设计中对称性和不对称性的应用都非常重要。对称性具有一种秩序美，而应用对称性原则设计的作品不仅具有一种稳定性、规律性，而且还极具生气。如图 1-15 所示，上方两个黄色的矩形色块与下方两个蓝色圆形色块形成了视觉上的对称。

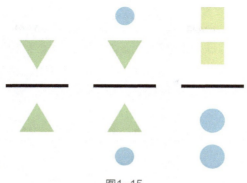

图1-15

Pinterest 是一个图片分享类的社交软件，用户可以按主题分类添加和管理自己的图片收藏，并分享给好友，如图1-16所示。Pinterest 所使用的页面布局是瀑布流的形式。Pinterest 中的信息非常庞杂，而瀑布流的对称形式有效地解决了信息冗多的问题，并且使信息呈现出一种韵律感和秩序美。

Apple Books 是苹果手机中自带的一款订阅电子书的应用程序，如图1-17所示。其书库中的图书，以图书的封面作为信息的呈现元素，页面布局也采用了对称性的设计，图书的数量虽然不断地被添加，但对称性的设计依旧能够使图书信息保持一种整齐的秩序感，使用户的精力可以更多地集中在图书的选择和阅读上，而不会使注意力被其他信息分散。

图1-16

图1-17

1.3.7 共同命运原则

　　前面介绍的6种原则关注的是事物的静态设计，而共同命运原则关注的是事物的动态设计。在相同条件下，人们习惯将移动方向一致、速度相同的元素组织在一起，如图1-18所示，即当元素在同一时间、同一方向以同一速度移动时，会让人感觉它们之间的关联性很强，共同命运原则就是基于这点。

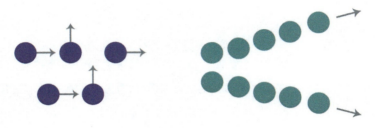

图1-18

　　在iOS系统中长按App图标进行删除的交互动作时，所有App的图标都会有一致的运动倾向，开始左右摇晃，以告知用户它们当前处于可编辑的状态，可以对应用程序进行位置调整或删除操作了，这就是通过共同命运原则的应用来表明所有的元素都具有相同的属性，如图1-19所示。

图1-19

1.4 App产品设计流程

App产品的设计有一套基本的工作流程，这一流程并不是单次循环，而是往返循环，通过每一个完整流程诞生的产品投入市场并收到反馈后，会不断产生出新的产品需求和迭代出新的产品，如图1-20所示。

图1-20

这里将App产品设计的流程分为5个阶段，其中研究、概念和产品立项属于App产品定义阶段，交互设计和视觉设计属于App产品设计阶段，前端后台开发属于App产品开发阶段，测试走查属于App产品测试阶段，上线属于App产品发布阶段。各阶段的主要工作内容如下。

1．App产品定义阶段

用户调研人员负责App产品适用人群的需求分析，产品的易用性与可用性分析，用户的使用行为分析，以及产品上线后使用问题的反馈，并对所有分析之后的数据进行归纳、总结等。

2．App产品设计阶段

通过绘制思维导图来理清项目中用户的需求，把这些信息组织成更清晰的想法，并在各想法之间建立层级关系。根据用户需求提供给用户功能绘制流程图，运用App产品交互知识搭建产品核心架构，并设计出原型，最终实现易用、好用的产品。

3．App产品开发阶段

研发工程师负责产品的最终实现。根据产品的特点确定开发工具、管理工具、测试工具、文件服务器并配置服务器等。

4．App产品测试阶段

App产品开发完成后需要进行产品的错误排查、多系统适配、兼容性测试等工作。此外，还有运营工作。运营是一项从内容建设、用户维护、活动策划3个层面来管理产品的内容。简单来说，运营就是负责已有产品的优化和推广。

5．App产品发布阶段

测试工作完成后，就可以发布App产品了。发布App产品前，需要由测试人员进行确认测试，并解决所有遗留问题。开发的新产品还需要进行适当的压力测试。App产品发布后，负责产品测试的人员需要通知有关部门并附上产品发布说明单。App产品发布一段时间后，在使用过程中可能会出现一些漏洞，需要及时进行修复和迭代更新。

1.5　App产品设计工具

工欲善其事，必先利其器。在App产品的设计过程中会使用多个工具来完成每个阶段的工作内容，所以选择一个好的工具，可以有效地提高工作效率。下面将介绍一些常用的App产品的设计工具。

1.5.1　产品分析工具

在App产品交互设计中，常用的产品分析工具有Mindjet MindManager和OmniGraffle。

1．Mindjet MindManager

Mindjet MindManager是由Mindjet公司开发的一款管理型的应用程序，它可以让用户通过思维导图的方式进行可视化管理。其界面展示如图1-21所示。

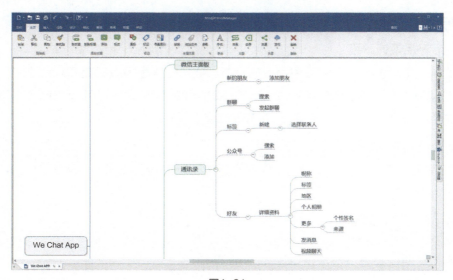

图1-21

在App产品定义阶段，Mindjet MindManager 能够帮助设计师将复杂、烦琐的想法转化成简单、明了的结构化知识体系。

Mindjet MindManager 的云存储功能可以让用户在多个操作平台对文件进行查看及操作。Mindjet MindManager 还可以和其他软件，如PowerPoint、Word、Excel、Adobe Reader 等相关联，进行内容的导入和导出。

Mindjet MindManager 支持多终端使用，不仅支持桌面端（Windows 操作系统、Mac操作系统和Linux操作系统），还支持移动端（iOS操作系统和Android操作系统），可以在多平台、多系统间灵活运用。无论是在线还是离线、何时何地、任何设备，Mindjet MindManager 都能够使用户便捷操作，实现一端操作，多端同步。

2. OmniGraffle

OmniGraffle 是一款由The Omni Group制作的绘制流程图的工具软件，其在2002年获得了苹果设计奖。它采用了拖曳式、所见即所得的界面方式，可以很清晰地表达出设计师想要呈现的内容。其界面展示如图1-22所示。

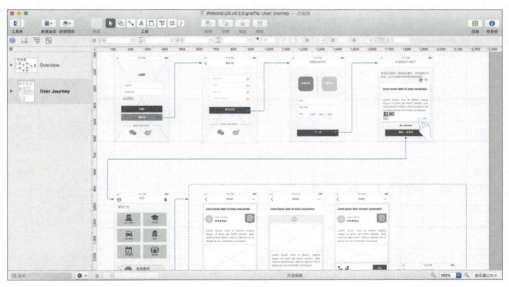

图1-22

在绘制流程图的过程中，OmniGraffle 优雅的界面布局使用户能够更快地掌握基本操作。它自带的Stencil功能插件（可以理解为模板），可以帮助设计师显著地提升工作效率，同时还可以创建出良好的视觉效果。

目前，OmniGraffle 只可以在Mac 操作系统和iOS操作系统上运行。

1.5.2 交互设计工具

交互设计工具可以帮助设计师快速地整理交互逻辑，展示交互原型，并进行原型测试。在App产品设计阶段的设计初期，常使用的交互设计工具有墨刀和XD。

1. 墨刀

墨刀是一款在线原型设计与协同工具，支持多种手势及页面切换特效。墨刀可以实现元素间相互切换、界面跳转、动画平滑的效果，并且还可以调试参数，但对于条件判断复杂的交互逻辑却无法实现。墨刀可以帮助设计师快速构建出移动端的应用原型与线框图，并将之保存到云端，支持移动端的实时预览，具有多种手势、主题可供选择。其云端的在线保存功能使团队成员间可以及时地分享和讨论，使创建交互原型的协作变得更加便捷。其界面展示如图1-23所示。

图1-23

墨刀之前只有网页版，目前已有了自己的客户端，但需要联网使用，支持Windows操作系统和Mac操作系统，同时支持移动端iOS和Android预览，还可以通过插件与Sketch直接进行对接。

2. Adobe XD

Adobe XD是Adobe公司专门为UI设计师推出的一款矢量绘图和原型设计软件（偏视觉设计），其中包含的模板、组件和操作对于有过Adobe系列软件使用经验的人来说上手会很快。

Adobe XD可以制作一些简单的交互动效，满足基本的交互原型的设计与制作。Adobe XD将设计、原型、共享分为了3种不同的模式，在进行具体的设计实践时需要在不同的模式中完成，如图1-24所示。另外，Adobe XD的原型模式支持语音交互原型的设计与制作，但对设备和软件版本有一定要求。同时，Adobe XD还可以连接游戏手柄，创建游戏的交互原型。

图1-24

Adobe XD不仅适用于Windows操作系统，还适用于Mac操作系统，并且还可以在iOS和Android的配套应用程序中实时预览。

1.5.3 视觉设计工具

Sketch是一款专门为UI设计师打造的专业级矢量绘图的应用软件，其界面展示如图1-25所示。

Sketch主要用于图形界面的视觉设计。与Photoshop相比，Sketch的体量更小一些，操作也更加便捷。Sketch也可以制作一些简单的交互动效，主要依赖于画板和热区的链接来实现页面间的跳转。

Sketch具有很强大的协作基因，这使其成为了App产品视觉设计的主流软件。在App产品设计阶段，不仅可以使用Sketch制作原型图，还可以制作高保真界面图。此外，Sketch还可以自由导入和导出 SVG、PNG、JPG 等格式的文件，可以一键生成适用于 iOS 和 Android 操作系统平台应用的文件，极大地提升了设计师的工作效率。

图1-25

目前，Sketch 只能在 Mac 操作系统上运行，Windows 操作系统还无法使用。

1.6 同步强化模拟题

一、单选题

1. 用户体验的5个层面，从下到上依次是（　　）。

A. 表现层、结构层、框架层、范围层、战略层

B. 表现层、框架层、结构层、范围层、战略层

C. 战略层、范围层、结构层、框架层、表现层

D. 结构层、框架层、战略层、范围层、表现层

2. 交互设计和信息架构属于用户体验的哪个层面的设计？（　　）

A. 表现层 　　　　　　B. 结构层 　　　　　　C. 框架层 　　　　　　D. 范围层

3. 以下工具软件中，常用于绘制App产品流程图的是（　　）。

A. OmniGraffle 　　　B. Sketch 　　　　　C. Adobe XD 　　　　D. Axure

二、多选题

1. 常用于App产品分析工具的有（　　）。

A. Mindjet MindManager 　B. OmniGraffle 　C. Adobe XD 　　　D. Sketch

2. 目前，主流的智能手机操作系统有（　　）。

A. Android 　　　　　B. iOS 　　　　　　C. Symbian OS 　　　D. BlackBerry OS

三、判断题

1. 共同命运原则关注的是静止的物体。（　　）

2. 接近性原则强调的是物体的位置，相似性原则强调的是物体的内容。（　　）

3. 框架层面的设计是对界面、导航和信息进行详尽的设计与规划。（　　）

作业：分析App产品的用户体验设计思路

选择一款App产品，通过5个用户体验层级分析该App产品的用户体验设计思路，分析报告以Word文档的方式呈现。

第 **2** 章

团队协作管理App项目

在工作中，不仅要做好同部门的协作工作，还需要做好跨部门的协作工作。在此期间如果协作得不好，会引发一系列的问题，严重影响工作效率。如何才能将资源合理分配，使得部门间或成员间高效地合作办公是非常值得思考的问题。本章将讲解团队良好协作的要素、常见的协作方法，以及如何使用Trello管理App项目，让团队协作不再成为难题。

2.1 团队协作和项目管理

在日常工作中，往往需要团队协作一起完成商业项目。作为初入职场的新人，需要了解团队协作的要点，在完成自己工作的同时，能帮助其他成员一起推进项目的发展。

2.1.1 团队协作的要素

团队协作是指，为达到既定的目标，团队成员要能够资源共享和展现出协同合作的精神。对于团队的领导者来说，要履行自己的职责，调动团队成员的积极性，发挥所有成员的特长，形成团队凝聚力。对于团队的成员来说，不仅要有个人能力，还需要在不同的位置上各尽所能，增强与其他成员协调合作的能力。但是若团队成员较多，很容易出现各种各样的问题，因此团队协作要注意3个基本要素：分工、合作和监督。

1. 分工

如果是一个人就能完成的任务，项目经理一般会指派给专人负责，这样个人独立且不存在分工的问题。在两人协作的工作中，彼此可以通过沟通和协商对工作量和工作内容进行有效的分配。但在一个大的项目组里，由于成员较多，在工作量和工作内容的分配上，很难通过平等协商和沟通得到一个令大家都满意的方案。这就需要产品经理熟悉项目流程和工作内容，合理安排和协调团队成员的工作。

2. 合作

有分工就需要有合作，彼此相互配合，可以事半功倍。在同伴协作过程中，由于人员构成简单，彼此合作、协调、沟通的难度会比较低。但在大的项目组里，由于成员的教育背景不同，彼此间的人际关系复杂，以及彼此工作不熟悉的原因，会在协作的过程中产生矛盾，这就需要产品经理进行相互协调，解决问题。

3. 监督

在个人独立工作时，一切工作都需由自己承担和负责，因为没有让其他人分担的可能。在团队协作中，彼此可以进行简单有效的互相监督，因而在工作中"偷工减料"的可能性会比较低。在大的项目组中，团队协作是不可忽视的重要环节，在处理团队协作问题时，建立完善的团队机制可以帮助我们处理团队的常见问题，如工作"偷工减料"、没有按要求完成任务等。

在项目管理中，首先对项目进行分解，将任务分配给各个成员，同时明确每个成员的待办事项，可配合项目管理工具，让项目进度一目了然，让成员之间的协作更高效。

2.1.2 常见的团队协作方法

现今，团队协作是非常普遍的一种工作方式，良好的团队协作方式能发挥出1+1>2的力量，那么如何才能加强团队协作呢？下面介绍几种常见的团队协作方法。

1. 认可他人

团队协作的基础是彼此尊重和信任。每个人都有自己擅长的地方，只要能合理地分工，让每个人都尽可能地发挥所长，每个人就都有自己存在的价值。身为团队中的一员，要能看到其他人的长处，这样大家才能彼此尊重和信任。

2. 成功孕育成功

若想让团队成员之间一直保持良好的协作关系，可以让成员互相配合完成一些任务，让大家看到共同合作后的效果，这样每个人都会认识到合作的重要性。

3. 对事不对人

当项目遇到问题时，成员之间难免会发生争论。但是，在讨论问题时，只能针对如何解决问题，不能进行人身攻击。解决问题时以达成项目目标为指导方向，这样既能解决问题，又不影响团队之间的协作氛围。

4. 增强团队活力

团队成员在工作上要配合默契，工作之外需要开展一些促进成员交流的活动，如团建活动、聚餐等，通过这样的活动，可以增强团队的凝聚力。作为项目经理或产品经理应当想方设法地增强团队的协作力，让团队能更好地完成项目目标。

2.2 项目管理工具——Trello

随着企业的壮大，部门会越来越多，员工人数也会逐渐增加，人员分工更细，部门之间沟通协作的效率往往会越来越低，进而会影响企业整体的工作效率。这时候就需要借助一款项目管理软件来辅助部门工作，跟进项目进度。下面以项目管理工具——Trello为例介绍借助项目管理软件辅助部门协作管理的方法。

2.2.1 认识 Trello

扫码看视频

Trello是一款用于管理项目与个人任务的在线工具。Trello 提供一个像是便利墙贴的看板，看板以灵活的可视化呈现方式，使项目进程更加直观和易于管理。

Trello不仅可以应用在工作中，还可以应用在生活中，包括管理生活事项、保存生活点滴、记录兴趣爱好、规划旅行计划等。在Trello的看板中，用户不仅可以根据任务的安排和完成情况排列自己的项目，还可以根据任务或项目需要添加看板，看板中又可以随意增加列表。要完成的任务、突发的灵感、计划的清单、设计的灵感、新奇的想法等，都可以随意地加入列表当中，其界面展示如图2-1所示。

图2-1

为了满足不同项目与任务应用情况的需要，Trello软件提供了相应的模板，用户可以根据自己的需求选择不同的模板，如图2-2所示。

图2-2

在Trello主页中，对于项目进度，用户可以持续跟踪并掌握最新动态，也可以把团队成员邀请到看板和任务卡片，共享项目内容，添加工作相关的细节，如图2-3所示。

图2-3

扫码看视频

2.2.2 Trello 的主要功能

在Trello中，主要通过看板功能来进行项目与任务的管理。看板由任务列表和任务卡片组成。任务列表通常代表工作流或流程，任务卡片通常代表任务。登录Trello后，单击【创建新看板】按钮，或者在Trello标题栏中单击 + 按钮，可以创建新的看板，如图2-4 所示。

图2-4

创建看板后，进入图2-5所示的界面。界面左上角的▦按钮用于选择来自Atlassian的更多产品。⌂按钮用于返回首页。⊞看板按钮用于快速查找看板，包括查找收藏的看板、最近查看的看板和团队任务看板等，也可以创建新的看板和查看关闭的看板等，如图2-6所示。在搜索栏中可以搜索看板、项目、成员等。⊞按钮用于创建看板、团队和企业服务团队等，如图2-7所示。单击ⓘ按钮，可以查看Trello的使用小窍门。单击△按钮，可以接收和查看新的通知。单击▤按钮，可以对账号进行设置。

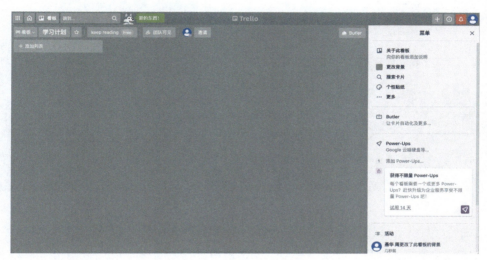

图2-5

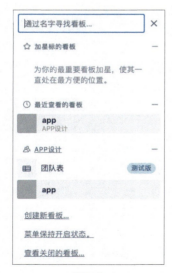

图2-6

图2-7

看板是项目的主要呈现方式，每个看板中可以创建多个任务列表，在任务列表里可以添加任务卡片，可以通过拖曳任务卡片来调整任务顺序，如图2-8所示。

图2-8

单击任务卡片，在弹出的面板中可以编辑任务的成员、标签、清单、到期日等内容。如果一个任务中包含多个工作项目以及需要多个成员配合，则可以在任务卡片里使用清单功能继续细分子任务，将子任务安排给不同的人，如图2-9所示。

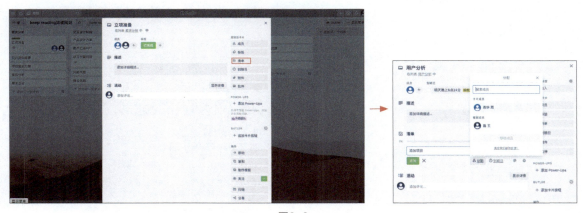

图2-9

设置任务截止日期后，到期和已过期的任务就会更加直观，如图2-10所示。同时在【主页】面板中可以查看项目进度，如图2-11所示。

图2-10

图2-11

2.3 制作App项目管理表

本节将通过具体的案例，讲解在Trello中建立项目、细分任务、查看任务、管理项目、跟进进度的方法。

扫码看视频

2.3.1 建立项目和任务

案例背景：某公司计划研发一款在线英语学习类App产品。针对这一任务，首先要了解和分析该类App产品的市场背景和用户群体，以及应用场景和使用需求，并调研目前已有的竞品，然后从商业模式、功能、架构和视觉表现等方面进行分析，最后呈现一份详细的需求报告，评估这款App产品的可实施性。

调研工作分为4部分：市场分析、用户分析、竞品选择和竞品分析、总结，每个部分又有细分内容。其中，市场分析需要对目前在线英语学习App产品做市场分析；用户分析则需要对使用在线英语学习App产品的用户做用户分析、使用场景分析和需求分析；竞品选择和竞品分析需要对目前主流在线英语App产品做市场占有率和竞品用户群体的分析，以及竞品的功能、框架、视觉表现的分析。最后通过这些调研数据整理资料，并进行总结。总结部分包括竞品总结和产品调研报告。针对这些工作在Trello中建立项目，然后把项目中要做的工作进行拆分，每个任务下面再细化子任务。如果子任务比较复杂，还可以继续细化子任务。

（1）创建看板。在Trello首页，单击【创建新看板】按钮，在弹出的面板中添加参与此项目的团队，输入项目名称，然后单击【创建看板】按钮，如图2-12所示。

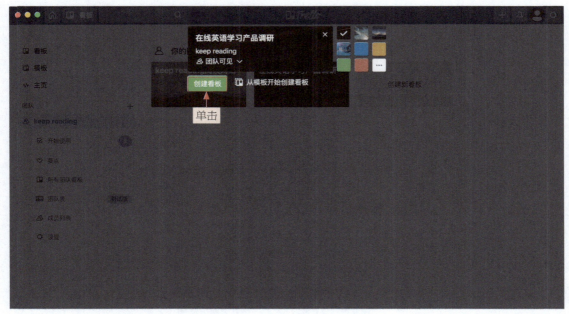

图2-12

（2）添加任务列表。创建项目后，会自动出现一个列表，在列表中输入任务标题，如"市场分析"，单击【添加列表】按钮，就会生成一个任务列表，如图2-13（a）所示。按照此种方式，添加其他任务列表，如图2-13（b）所示。将鼠标指针悬停在任务列表的标题上，按住鼠标左键拖曳可以改变列表的排列顺序。

（a）

（b）

图2-13

（3）在每个任务列表下面建立任务。单击任务列表标题下的【+添加卡片】按钮，在弹出的列表中输入任务标题，再单击【添加卡片】按钮，即可创建一个新任务。如果想在该任务列表中继续建立任务，可单击【+添加另一张卡片】按钮。最终建立好的任务效果如图2-14所示。

图2-14

2.3.2 建立子任务

单击任务卡片，展开任务的详细信息。单击【清单】按钮，即可建立子任务。在子任务下还可以通过单击【添加】按钮继续细化子任务的内容。单击【分配】按钮，可以添加负责该子任务的成员，如图2-15所示。

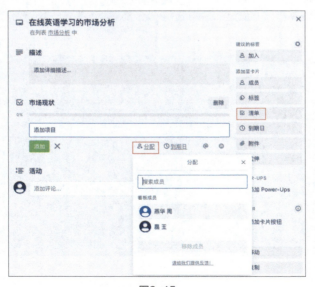

图2-15

在任务卡片中，还可以添加标签、到期日、附件等内容，以便用户全方位了解项目的进度，如图2-16所示。

图2-16

2.3.3 跟进项目

单击 按钮，返回到Trello首页，单击左侧的【主页】选项卡，可以查看自己需要执行的任务，以及自己参与的任务，如图2-17所示。

图2-17

在任务卡片中，单击右侧的【关注】按钮，可以关注该任务卡片，如图2-18所示。当成员对此任务卡片进行修改时，可以接收到通知，以此跟进该任务的进度，如图2-19所示。

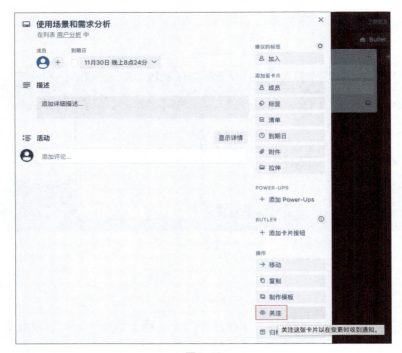

图2-18

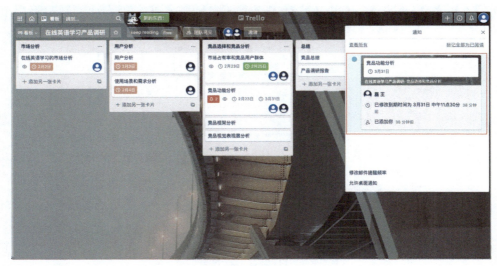

图2-19

2.4 同步强化模拟题

一、单选题

1. 在Trello中，主要通过看板功能来进行项目与任务的管理。登录Trello后，可以通过单击（　　）创建看板。

A.【创建看板】按钮　　　　　　　　　B.【创建新看板】按钮

C.【信息】按钮　　　　　　　　　　　D.【通知】按钮

2. 单击任务卡片，展开任务详细信息，单击【清单】按钮，即可建立（　　）。

A. 子任务　　　　　　　　　　　　　B. 主任务

C. 任务　　　　　　　　　　　　　　D. 个别任务

3. 在（　　）中，对于项目进度用户可以持续跟踪并掌握最新动态，也可以把团队成员邀请到看板和任务卡片里，共享项目内容，添加工作相关的细节。

A.任务页　　　　　　　　　　　　　B.主页

C.空白页　　　　　　　　　　　　　D.主题页

二、多选题

1. 团队协作过程中，团队领导者的职责是（　　）。

A. 要履行自己的职责　　　　　　　　B. 调动员工的积极性

C. 发挥所有成员的特长　　　　　　　D. 形成团队凝聚力

2. 团队协作要注意3个基本要素：分工、（　　）和（　　）。

A. 组织　　　　　　　　　　　　　　B. 合作

C. 监督　　　　　　　　　　　　　　D. 沟通

3. 加强团队协作的方法有（　　）。

A. 认可他人　　　　　　　　　　　　B. 成功孕育成功

C. 对事不对人　　　　　　　　　　　D. 增加团队活力

4. 单击任务卡片，可以详细编辑任务的（　　）等内容。

A. 成员　　　　　　　　　　　　　　B. 标签

C. 清单　　　　　　　　　　　　　　D. 到期日

三、判断题

1. 在Trello的看板中，用户可以根据任务的安排和完成情况排列自己的项目。可以根据任务或项目需要添加看板，看板中又可以随意增加列表。要完成的任务、突发的灵感、计划的清单、设计的灵感、新奇的想法等，都可以随意地加入列表当中。（　　）

2. 创建任务是项目的主要呈现方式，每个看板里面可以创建多个任务列表，在任务列表里可以添加任务卡片。可以通过拖曳的方式将任务卡片移动到任意位置，便于调整任务的顺序。（　　）

3. 回到首页，单击空白页，可以查看关于自己需要执行的任务，自己创建的任务和参与的任务。（　　）

作业：制作App项目进度表

根据本章所学内容，制作关于社交类App产品的交互设计进度表。

作业要求

（1）根据任务特性，在Trello中选择适合的项目模板。

（2）添加任务列表和任务。

（3）为任务添加子任务，详细规划子任务的完成时间。

第 **3** 章

梳理App产品交互设计创意

设计师需要将创意、灵感和信息及时记录下来，尤其在交互设计中，需要梳理产品的交互设计创意。本章主要讲解快速梳理App交互设计创意的工具法——思维导图，并利用思维导图分析在线教育类App产品和阅读类App产品两个设计案例的结构，帮助读者深入领会其交互设计的创意思路。这种通过分析优秀App产品结构设计来研究其创意思路的学习方式，有助于读者在吸取百家之长的基础上实现快速成长。

3.1 认识思维导图

在工作和学习的过程中，我们都希望能够借助某种工具提高自己记忆和记录信息的能力。思维导图的放射性结构能够使大脑思维得到快速发散，让思维在纸上快速呈现，这种实用性的思维工具能让人们最大限度地利用自己潜在的智力资源。

3.1.1 思维导图是什么

思维导图又称为脑图、心智图、树状图等，是用来表达发散性思维的有效图形思维工具。思维导图可将我们的思路、知识、灵感等大脑思维活动过程以有序化、结构化方式模拟出来，达到可视化的效果，而可视化的图形、颜色等元素对大脑具有一定刺激性，有助于加强记忆与开阔思维。

3.1.2 思维导图构成的要素

在学习绘制思维导图之前，首先要了解思维导图是由哪些要素构成的。思维导图主要由6个要素构成：中心主题、分支主题、关联线、关键词、配色和配图。

1. 中心主题

中心主题就是思维导图的主题思想和核心内容，一张思维导图只有一个中心主题，整个思维导图都是围绕中心主题展开的。中心主题的设计要重点突出，便于阅读和调动大脑思维。

2. 分支主题

分支主题用于说明中心主题内容或者作为论点支撑中心主题，因此分支主题是从中心主题发散出来的。分支主题有等级之分，如一级分支主题、二级分支主题、三级分支主题、四级分支主题等。一级分支主题就是从中心主题发散出来的，二级分支主题则是从一级分支主题发散出来的，依次类推。所以一级分支主题的重要性高于二级分支主题、三级分支主题等。为了突出一级分支主题部分，通常会对一级分支主题做强调设计，如加粗字体或者加框。

3. 关联线

关联线就是联系各分支的线，主要有4种类型，分别是连接线、关系线、外框、概括线。

连接线是连接不同分支主题之间的线，通过不同的颜色可以体现各层级之间的关系。

关系线是用于连接两个主题，建立某种关联。假设这个分支主题跟这边的主题有关联，就可以通过新建关系线并在上面做注释的方式，表明二者之间存在关系。

外框主要用于强调框里的内容，一般用得比较少。

概括线就是起到对内容概括总结的作用。我们常用的小括号、中括号、大括号都属于概括线。

4．关键词

关键词就是每个分支主题上的内容。在绘制思维导图时，要使用简洁、概括的词语来总结。简洁的词语会留给人更多的思维发散的空间，如果过多地使用短句或者句子修饰语，反而会限制我们的思路。

5．配色

色彩越丰富，视觉冲击力越强，越容易加深记忆，不同分支主题之间的配色要注意区分好层级关系。关于思维导图的配色可以参考一些配色网站。

6．配图

配图是为了更生动、形象地说明关键词，一张好的配图可以省掉很多的文字。需要注意的是，在寻找思维导图的配图时，要寻找高清的大图，不能有水印，否则会降低思维导图的品质。

3.1.3 绘制思维导图的步骤

绘制思维导图的关键是如何将思维发散并清晰地将思考过程呈现出来。绘制思维导图的步骤如下。

（1）首先准备一张白纸和一些彩笔，然后从白纸的中心开始绘制，周围留出空白。从白纸的中心绘制是为了能更好地将发散的思维自由地呈现出来。在绘制中心主题时，可以使用与主题相关的配图，从而更好地发散思维。

（2）从纸张的右上方开始，用自然弯曲的线将中心主题和一级分支连接起来，然后把一级分支和二级分支连接起来。依次类推。通过这种连接的方式可以让大脑更容易联想，加深理解和记忆。把各级分支主题连接起来的过程就是创建思维导图基本结构的过程。

（3）在每条分支线上使用一个简洁、概括的关键词。单个词语的使用，使思维导图更加灵活。而短句、短语等过多的话，会限制思维发散。

（4）不同的分支使用不同的颜色。颜色可以刺激大脑更加活跃，使大脑更具有创造性思维。在视觉上，颜色会使不同的分支更加明确，更易阅读和整理。

（5）除了不同的分支配色，还可以使用与主题相关的配图。图片和颜色一样，也能使大脑兴奋，但是所配的图必须和主题相关，否则就是画蛇添足，影响思路，造成记忆混乱。

3.2 使用Mindjet MindManager绘制思维导图

为了提高绘制思维导图的效率，可以使用思维导图软件。在使用思维导图软件时，更容易修改和添加分支主题，同时方便存储并在多平台上应用。下面详细介绍Mindjet MindManager思维导图软件的使用方法。

3.2.1 认识 Mindjet MindManager

Mindjet MindManager是一款功能强大的思维导图软件，能够帮助使用者非常轻松地捕捉、整理、共享思维等，建立可视化信息框架，推进项目进程，制作学习计划，展示各种信息。

3.2.2 使用 Mindjet MindManager 绘制思维导图的方法及技巧

扫码看视频

Mindjet MindManager中提供中心主题、主题、子主题等模块，通过这些模块可以快速创建所需的思维导图。接下来介绍使用Mindjet MindManager绘制思维导图的方法。

1. 新建思维导图项目

方法1：打开Mindjet MindManager软件，可以看到不同类型的思维导图模板，如图3-1所示，根据需要单击合适的模板。

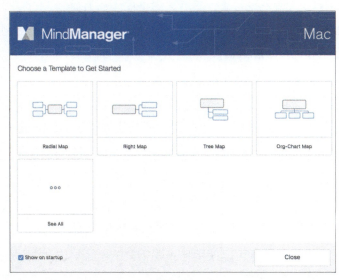

图3-1

　　软件将自动新建一个项目，同时会出现一个中心主题，如图3-2所示。单击中心主题，输入思维导图的名称。

图3-2

　　方法2：选择【File】（文件）→【New】（新建）命令，如图3-3所示；或者使用组合键【Ctrl】+【N】，也可以新建一个思维导图。

图3-3

2．添加主题

添加主题的方法有3种：①按下【Enter】键可以直接添加主题；②双击工作区的空白处，或者单击工具栏中的【Subtopic】（子主题）按钮 ；③选中中心主题，单击鼠标右键，在弹出的快捷菜单中选择【Paste】（插入）命令，如图3-4所示。插入主题之后同样单击主题，就可以输入主题内容。

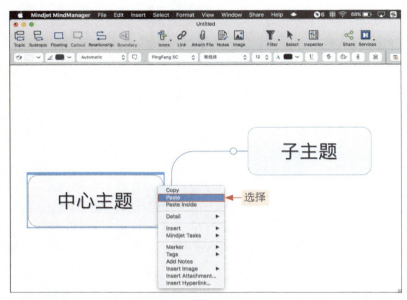

图3-4

如果需要在主题之下插入下一级主题，则选中需要插入下一级主题的主题，单击工具栏中的【Subtopic】（子主题）按钮，或者按【Ctrl】+【Enter】组合键，即可创建下一级主题。

如果要删除已创建的主题，则选中该主题，按【Delete】键即可删除。

3．添加主题信息

选中需要添加信息的主题，单击相应的主题信息按钮，如Icons（图标） 、Link（超链接） 、Attach File（附件） 、Notes（备注） 、Image（图片） 等按钮，如图3-5所示，可以添加图标、超链接、附件、备注和图片等。

图3-5

也可以使用鼠标右击单击需要添加信息的主题，在弹出的快捷菜单中选择相应的命令，如

图3-6所示，即可添加相应的主题信息。

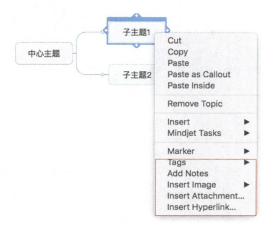

图3-6

4．添加主题信息的关系

单击工具栏中的【Relationship】（关系）按钮⇆或【Boundary】（边界线）按钮◁，可以使用连接线串联主题或者包围主题，以此呈现主题与主题之间的关系，或者为主题添加标注，更好地说明主题，如图3-7所示。

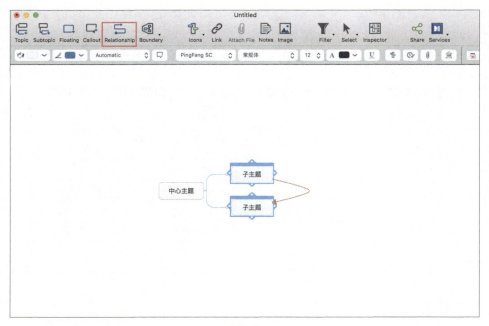

图3-7

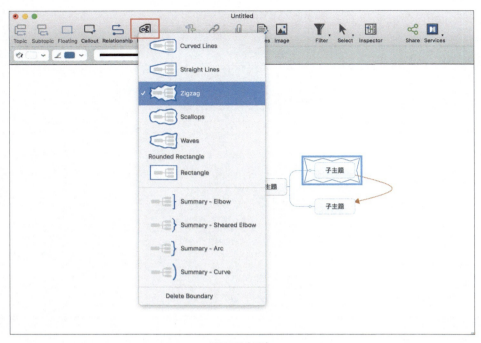

图3-7（续）

5. 设置思维导图的格式

单击菜单栏中的【Format】（格式）命令，在弹出的列表中选择【Font】（字体）、【Text】（文本位置）、【Topic】（主题样式）或【Topic Lines】（主题线样式）等命令，可以设置思维导图的格式，以便设计出更加清晰、美观的思维导图，如图3-8所示。

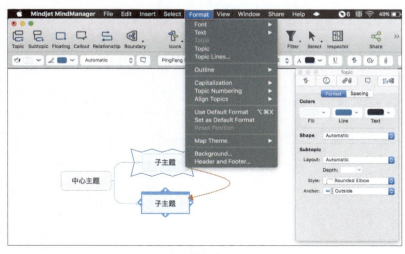

图3-8

6. 保存与导出

思维导图绘制好后，确认无误后选择菜单栏中的【File】（文件）→【Save】（保存）命令，如图3-9所示，即可将思维导图保存为Mindjet MindManager格式的文件。

图3-9

如果需要分享思维导图，则单击工具栏中的【Share】（分享）按钮，在弹出的对话框中选择要分享的思维导图格式，然后单击【Next】按钮，如图3-10所示。

图3-10

3.3 思维导图在App产品设计中的应用

设计师在梳理产品结构时，经常会以思维导图的方式来呈现，这种呈现方式便于发现所要设计的产品结构中存在的问题。下面通过两个案例来讲解思维导图在App产品设计中的应用。

3.3.1 使用思维导图分析在线教育类 App 产品结构

扫码看视频

随着科技的进步，互联网技术的发展，知识的获取方式发生了根本性变化，知识的获取渠道也更灵活和多样化，教与学不再受时间、空间和地点的限制。与此同时，在线教育和在线教育类App产品也应运而生且逐步走向成熟。就成人在线外语教育行业而言，目前比较受用户青睐的App产品有流利说-英语App、有道口语App、扇贝口语App等。相对来看，有道口语App的用户较少，这里就以流利说-英语App作为竞品进行分析，得出有道口语App的优化方案。

1．用户定位

这两款App产品的用户都主要集中在20～40岁，这部分群体主要是在校大学生和职场人士，他们为了学业，抑或是想在职场中更具有竞争力，利用空闲时间，花费较低的成本有针对性地获取专业的课程，通过课程学习强化英语口语水平。因此，大学生为主的用户群体都是目的性比较强的中短期需求，以升学考试和考级为目标，有一定的消费能力，所以课程的标准化程度较高，以考试类课程为主。而职场类的用户多是目的性较强的短期需求，多以工作需要为目标，该类用户群体的消费能力也较强，学习产品单价的承受能力也较强，所以课程个性化定制明显，标准化程度低，以技能提升为主。这类用户更希望学习形式多样化，学习氛围轻松化，并能利用碎片化的时间学习，课程可以随时退出和继续。

（1）官方介绍。

有道口语App：更懂你的AI口语私教。

流利说-英语App：让你忍不住开口说英语。

（2）产品定位。有道口语是AI口语学习软件，针对想学习但没有学习思路的用户。流利说-英语App主要是帮助用户摆脱"哑巴英语"。

2．功能分析

有道口语App主要提供不同等级的英语课程，让用户逐步提高英语能力，但是要想深入学习、精准进阶就需要购买定制课程。定制课程并没有试听环节，只有课程介绍。

流利说-英语App为用户打造了更好的学习英语的社区，其学习形式更加丰富，学习氛围更浓。例如，核心功能有"懂你英语"和"轻松学"，学前的用户测评，学中的及时反馈，学后的单词本复习，学余的配音、热门影视、情景实战、真人对话等。

（1）用户数据采集。

进入有道口语App页面之后，会按照用户英语水平来推荐课程，不知道等级的用户可以进行测试，但在测试的过程中，用户做出选择后并没有实时反馈答案的正误。测试之后就直接跳转到推荐课程页面，新用户会有七天的试用课程礼遇，七天之后就需要付费购买课程。其界面示例如图3-11所示。

图3-11

进入流利说－英语App页面之后，AI小莱将采集用户的详细信息数据，如职业、学习英语的目的、英语水平等。在英语水平信息采集的过程中，同样可以进行等级测评，测评的过程中会通过声音和选择答案后的色条颜色（绿色表示正确，红色表示错误）实时反馈回答是否正确，如图3-12（a）所示。最后让用户选择每周的学习时间，根据用户的学习目标与学习时间提供针对性的学习计划，如图3-12（b）所示。

（a）

图3-12

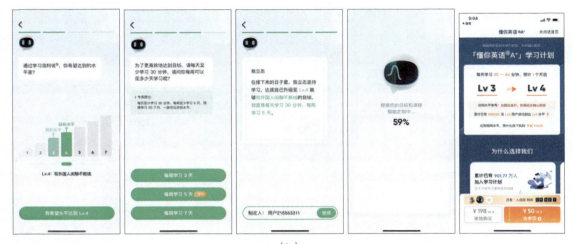

（b）

图3-12（续）

优化方案：更多地采集用户的信息，才能够给出丰富的、有针对性的学习内容。

（2）课程。

有道口语App只有1～8级的英语课程学习，以及30天、180天和360天的套餐学习计划，课程内容较少，如图3-13所示。

图3-13

流利说-英语App除了定制的"懂你英语"之外，还提供了"轻松学"及"发现"两个功能板块，其中包括不同的场景、层次、目标的用户群体所需要的口语知识，以及丰富的学习形式，如趣味配音、单词PK、真人对话、直播课等，如图3-14所示。

图3-14

优化建议：除了基础课程之外，增加不同形式的学习课程，使学习的形式多样化，以激发用户的学习兴趣。同时，增加用户与用户之间的互动，提高用户之间的黏性。

（3）奖励机制。

有道口语App：没有任何的奖励机制。

流利说-英语App：通过每日的学习打卡可以获得A⁺金币，在【流利说®金币商城】中可以使用A⁺金币抵扣课程费用，兑换礼品，如图3-15所示。

图3-15

优化建议：设置奖励机制，用户在学习的过程中获得奖励会有成就感。同时，奖励兑换课程则提高了免费用户向付费用户转化的概率。

（4）笔记本功能。

有道口语App：只记录用户学完之后的词汇量的数据，如图3-16所示。

图3-16

流利说-英语App：有单词本功能，在学习的过程中，用户可将记不住的或者需要重点学习的知识点收藏于单词本中，后续复习时可在单词本中复习，如图3-17所示。

图3-17

3. 优化方案

记忆是有周期的，要想牢记一个知识点，需要反复复习，强化记忆，因此笔记本功能是一款英语学习类App产品应具备的基本功能。建议在【我的】页面中增加笔记本功能。

根据以上的优化方案，用思维导图的形式呈现改版方案，如图3-18所示。

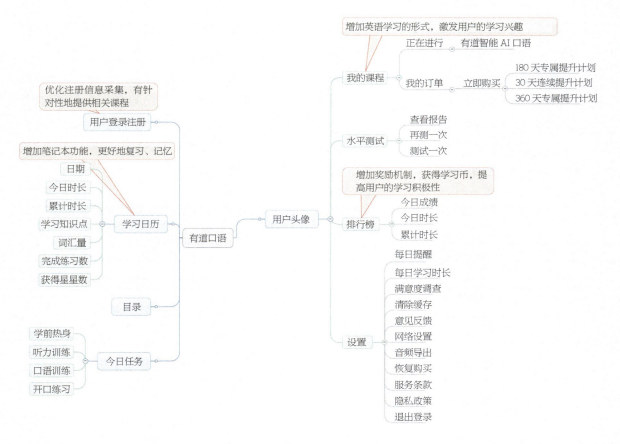

图3-18

以上就是对有道口语App及其竞品的分析对比，找出问题，最后运用思维导图梳理出有道口语App的整体结构，并制定优化方案。

3.3.2 使用思维导图分析阅读类App产品结构

扫码看视频

1. 行业分析

图书是我们学习知识的重要工具，阅读是我们学习知识的方法，进入

"互联网＋"时代，我们每天要接收大量的信息，同时也使我们的阅读习惯发生了改化，阅读时间也变得碎片化、快餐化，因此，越来越多的人喜欢用手机阅读电子书，大量的阅读类App产品也应运而生，并深受大众喜爱。

下面具体分析阅读类App产品的核心需求和应该具备的功能，思考如何吸引用户、提高用户体验，并运用思维导图绘制阅读类App产品的框架结构。

目前，在线阅读平台的发展已相对稳定，这些平台的图书品类多而全，所以阅读类App产品需要加大垂直类目的发展，具有优质内容的阅读App类产品才更具有竞争力。

根据数据显示，使用阅读类App产品的用户主要分布在一二线城市，且是具有一定消费能力的青年，因为经济发达地区的人群整体素质高，更加重视文化、教育和阅读，因此这类群体是阅读类App产品的核心用户。其中70%的用户是本科学历，这是因为本科学历的群体更有学习力，养成阅读习惯会更快。如果从职业分布来看，"企业白领"用户群体最多，所占比例接近40%，这与当下通过互联网学习的习惯密不可分，如图3-19所示。

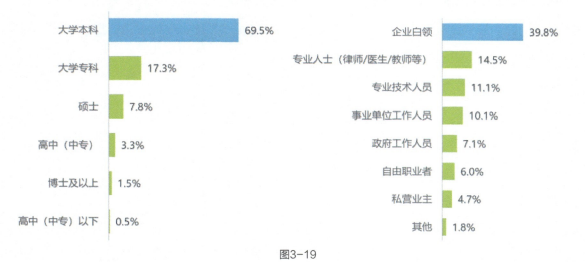

图3-19

2．竞品分析

在这个移动端阅读App快速增长的风口，出现了很多阅读类App产品，接下来以微信读书和樊登读书App来做竞品分析。

（1）微信读书App分析。

微信读书App依托微信关系链的官方阅读应用程序，在提供优良阅读体验的同时，为用户推荐合适的书籍。微信读书App的男性用户要多于女性用户，且以"80后""90后"为主。用户群体主要分布在一二线城市，并且大部分用户为大学生、"企业白领"、高级管理人员和自由职业者，这类用户群体的文化素质较高，有一定的阅读习惯，希望通过碎片时间做自我提升。

从用户群体组成可以看出，大学生没有稳定的工作收入，对阅读类App产品的需求主要是满足基本的阅读需求，或者有明确目的的技能提高；而"企业白领"、职场精英等有经济收入的用户群，其消费能力较强，会追求优质内容和个性要求。

在App核心使用功能上来看，微信读书App不仅提供了微信登录使用App的方式，对于没有微信或者只是想体验的用户还提供了账号登录和直接试用的方式，如图3-20所示。微信读书App的界面简洁顺畅，搜索界面为卡片式设计，信息分区明确，有利于用户阅读和迅速上手。

图书搜索是阅读类App产品中不可缺少的一个核心功能，微信读书App不同于其他阅读类App产品，其将书城搜索功能放在二级页面当中，重点突出【发现】页面中的好友推荐书籍，符合微信读书App打造社交阅读的定位，给用户选择阅读图书内容提供一个新的途径，如图3-21所示。

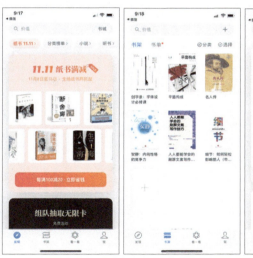

图3-20　　　　　　　　　　　　　　图3-21

微信读书App中系统推荐的图书都是以最新出版物或者畅销书为主，还包括一些专业技能知识，便于用户快速找到适合自己阅读的图书。

除了提供基本的图书阅读功能外，在微信读书App的【看一看】板块中还提供朋友的想法、三分钟看电影、已关注公众号以及朋友赞过的功能，如图3-22所示。

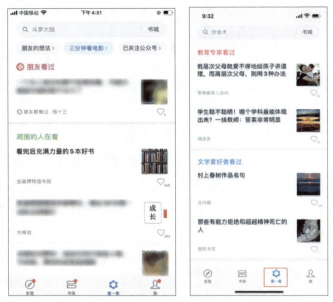

图3-22

与微信运动的步数排行榜功能类似，微信读书App也有读书排行榜，阅读的时长可以兑换书币，从而鼓励用户阅读，提高用户阅读的积极性，如图3-23所示。

图3-23

用户在阅读的过程中，可以做笔记并进行分享。学习知识输出也很重要，这不仅锻炼了表达能力，同时加强对知识的巩固，而且在分享的过程中还增加了用户之间的互动与黏性，如图3-24所示。

（2）樊登读书App分析。

樊登读书App的定位是帮助国人养成阅读习惯的学习型社区，愿景是帮助3亿人养成阅读的习惯。樊登读书App将优质图书进行通俗易懂的解读，通过视频、音频和图文等形式分享给用户。适合有读书意愿但读书能力弱的用户。

樊登读书App的用户主要分布在一二线城市，女性用户群体居多，因为其家庭、心灵类书籍比重较大。用户的年龄分布范围广，以"80后"用户为主，这类用户群体有一定的消费能力，对付费知识有一定的需求。消费人群以中等消费为主，高消费的用户较少。

从App核心使用功能上看，樊登读书App可以使用微信、手机号或者以游客的身份登录。在登录首页即可看到新用户登录可获赠7天VIP的礼遇宣传，以吸引用户登录，如图3-25所示。

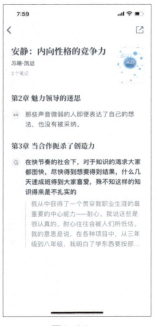

图3-24   图3-25

樊登读书App中的图书都是根据图书的内容进行分类的，用户可按分类选择自己感兴趣的图书。对于没有明确目标的用户，提供了不同的分类专区，包括免费体验、编辑推荐、榜单、本周新书近期新书等，多项参考供用户选择，如图3-26所示。

图3-26

　　【樊登讲书】和【发现】是用户使用最多的功能。【樊登讲书】页面中也是根据图书内容进行分类的，相较于首页，【樊登讲书】页面更加清晰明了，适合对樊登读书有一定的了解、以听书为主的用户群体。在【樊登讲书】界面中，可以按照热度和时间检索图书，同时增加了已读的筛选功能，避免用户重复收听，或者有针对地复习巩固，如图3-27所示。在【发现】页面中，用户可以浏览感兴趣的视频等，还可以评论互动，如图3-28所示。

图3-27

图3-28

在【我的】界面中，可以清晰地看到分享的操作，通过分享可以获取会员优惠券，被分享者可以试听图书，从而提高了用户转化率，如图3-29所示。

图3-29

从微信读书App和樊登读书App两款App阅读产品的分析中可以看出，阅读类App产品需要有分类设置，考虑到用户没有明确读书目标的情况，还要设置引导用户阅读的图书分类、推荐图书等，邀请有影响力的人对图书进行解读，让用户从不同的角度更加深入地理解图书的内容，进而快速选择自己所需要的图书。

除了单纯的读书功能，用户在阅读过程中或者阅读之后会有做读书笔记和写读书心得的需求，因此阅读类App产品还应具备做读书笔记或者分享书评等功能，让用户在互动之中增加彼此之间的黏性。

根据上述的分析，制定出阅读类App产品的框架结构，如图3-30所示。

图3-30

3.4 同步强化模拟题

一、单选题

1. 思维导图又称脑图、心智图、树状图等，是用来表达发散性思维的有效（　　）工具。

　A. 图片思维 　　　　　　　　　　　　B. 艺术思维

　C. 图形思维 　　　　　　　　　　　　D. 脑思维

2. （　　）就是思维导图的主题思想和和核心内容。

　A. 分支 　　　　　　　　　　　　　　B. 分支主题

　C. 中心主题 　　　　　　　　　　　　D. 中心

3. （　　）是中心主题分散出来的。

　A. 分支主题 　　　　　　　　　　　　B. 一级分支

　C. 各级分支 　　　　　　　　　　　　D. 分支线

4. （　　）就是起到对内容概括总结的作用，我们常用的小括号、中括号、大括号都属于此类线型。

　A. 关联线 　　　　　　　　　　　　　B. 概括线

　C. 连接线 　　　　　　　　　　　　　D. 关系线

5. 关键词就是（　　）主题上的内容。

　A. 第一分支 　　　　　　　　　　　　B. 每个分支

　C. 第二分支 　　　　　　　　　　　　D. 第三分支

二、多选题

1. 思维导图的6个要素中，除了配色和配图，还包括（　　）。

　A. 中心主题 　　　　　　　　　　　　B. 分支主题

　C. 关联线 　　　　　　　　　　　　　D. 概括线

　E. 关键词 　　　　　　　　　　　　　F. 连接线

2. 关联线就是联系各分支的线，主要有4种类型，分别是（　　）。

　A. 关系线 　　　　　　　　　　　　　B. 连接线

C. 内框　　　　　　　　　　　　　　　　　D. 外框

E. 概括线　　　　　　　　　　　　　　　　F. 虚线

3. 使用Mindjet MindManager软件绘制的思维导图由（　　）等模块组成。

A. 中心主题　　　　　　　　　　　　　　　B. 主题

C. 子主题　　　　　　　　　　　　　　　　D. 附注主题

三、判断题

1. Mindjet MindManager是一款功能强大的思维导图软件，能够帮助使用者非常轻松地捕捉、整理、共享思维等。（　　）

2. 使用Mindjet MindManager绘制思维导图时，可以选择【File】（文件）→【New】（新建）命令，或者使用快捷键【Ctrl】+【Q】，新建一个思维导图。（　　）

3. 单击工具栏中的【Boundary】（边界线）按钮，可以调整思维导图的字体、文本位置、主题样式、主题线样式等。（　　）

作业：使用思维导图分析两款同类型的App产品结构

选择两款同类型的App，如懒人听书和喜马拉雅，用思维导图分析它们的产品结构，并对比差异，分析优劣。用Word文档给出分析报告。

核心知识点：思维导图的使用方法、竞品分析方法。

作业要求

（1）App产品可以自选。

（2）思维导图的层级结构要清晰。

（3）文字表达要准确。

第 **4** 章

制作流程图

在绘制原型图之前，将用户操作和页面跳转的流程用流程图的形式表现出来，可以避免原型图的反复修改，让工作达到事半功倍的效果。

本章首先讲解流程图的概念，流程图的构成和流程图的绘制方法。然后通过使用OmniGraffle工具绘制App产品流程图的案例，帮助读者掌握App产品流程图的绘制方法。

4.1 认识流程图

在App产品设计中，无论是产品经理、交互设计师还是开发人员，都经常会接触到各种类型的流程图。绘制清晰、简洁的流程图是本节的主要学习任务。

4.1.1 什么是流程图

流程图是指通过使用不同的图形符号，将头脑中的逻辑关系以图形化的形式呈现出来，如图4-1所示。

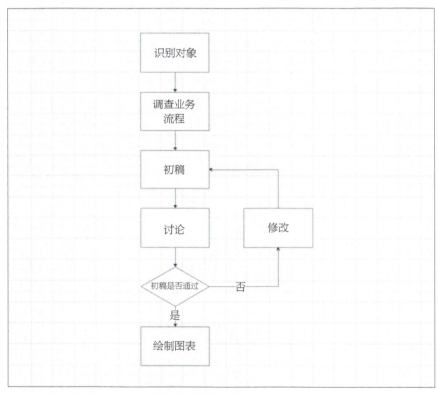

图4-1

流程图的可视化表达，易于理解，便于梳理步骤之间的逻辑关系。如果有一张清晰的流程图，产品经理在开评审会时，不仅便于讲解，也便于其他人理解；在设计过程中，当交互设计师忘记某个流程时，可以对照查看，避免缺漏。一个产品在迭代更新时，也可以利用流程图做记录，通过对比每个版本的流程图，可以知道产品在哪些地方进行了优化。

4.1.2 流程图的构成

流程图的基本构成元素是一个个的图形符号，每个图形符号都有着特定的含义，只有牢记这些符号的含义，才能在流程图中正确地应用，如表4-1所示。

表 4-1

图形符号	名称	含义
	开始或结束	表示流程图的开始或结束
	流程	表示具体某个步骤或操作
	判断	表示条件标准，用于决策、审核和判断
	文档	表示输入或输出的文件
	子流程	表示决定下一步骤的一个子流程
	数据	表示数据的输入或输出
	接口	表示流程图之间的接口
	流程线	表示流程的方向与顺序

在App产品设计中，流程图主要分为3类，分别是业务流程图、任务流程图和页面流程图。

1. 业务流程图

业务流程图体现的是对业务的梳理和总结，有助于产品经理或设计师了解业务流程，并及时发现流程的不合理之处，以进行优化改进，如图4-2所示。注意，业务流程图不涉及具体的操作和执行细节。

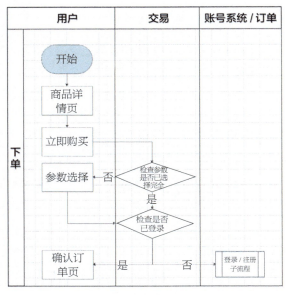

图4-2

2. 任务流程图

任务流程图是用户在执行某个具体任务时的操作流程，如图4-3所示。相较而言，产品经理使用任务流程图会更多一些。

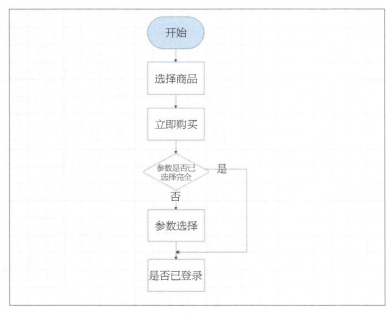

图4-3

3. 页面流程图

页面流程图主要体现的是页面元素与页面之间的逻辑跳转关系，如图4-4所示。因而交互设计师多通过页面流程图来梳理App产品的功能逻辑和交互逻辑。

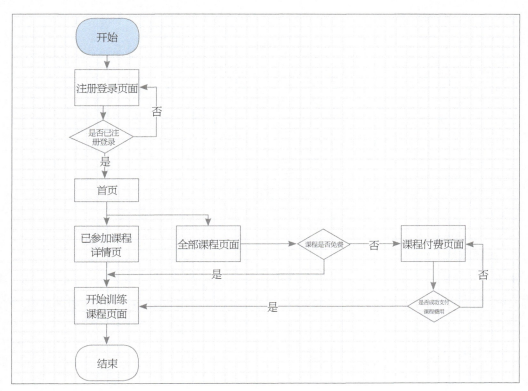

图4-4

4.1.3 绘制流程图的步骤

在开始绘制流程图之前，需要先了解流程图的结构。流程图有3种基本结构，分别是顺序结构、选择结构和循环结构。

1. 顺序结构

这种结构比较简单，各个步骤是按先后顺序执行的，即完成上一个步骤中指定的任务才能进行下一步操作，如图4-5所示。

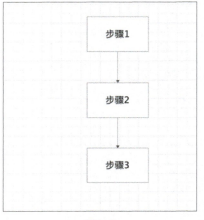

图4-5

2．选择结构

选择结构又称为分支结构，用于判断给定的条件，根据判断结构得出控制程序的流程，如图4-6所示。

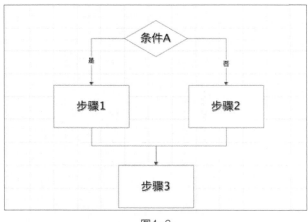

图4-6

3．循环结构

循环结构又称为重复结构，在程序中需要反复执行某个功能而设置的一种程序结构。循环结构又细分为两种形式，一种是先判断后执行的循环结构（当型结构），另一种是先执行后判断的循环结构（直到型结构），如图4-7所示。

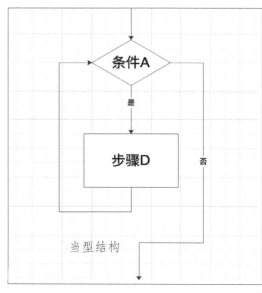
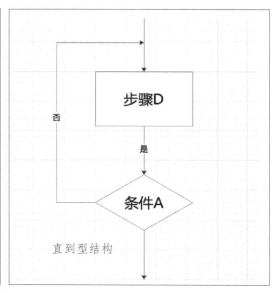

图4-7

一般绘制流程图的步骤如下。

1．调查研究

根据业务人员的讲解得到业务流程图的相关信息，通过实地观察用户的操作，或者自己根据业务流程图操作一遍产品，或者通过使用竞品得到任务流程图的相关信息。再根据产品会议得到的思维导图收集页面流程图的相关信息。

2．梳理提炼

将上一步得到的信息梳理提炼出来，绘制主要的流程，然后填补异常流程。可以先在纸上绘制，这样绘制的速度比较快。

3．使用流程图绘制工具绘制流程图

选择一款自己熟悉的流程图绘制工具绘制流程图。为了提高流程图的逻辑性，在绘制流程图时，应遵循从左到右、从上到下的顺序绘制。一个流程图从开始符号开始，以结束符号结束。开始符号只能出现一次，结束符号可以出现多次。若流程图足够清晰，结束符号可以省略。

注意：同一流程图内，图形符号大小需要保持一致。连接线不能交叉，也不能无故弯曲。如果内容属于并行关系，则需要放在同一高度。处理流程要以单一入口和单一出口绘制，同一路径的流程线（也称指示箭头）应该只有一个。

4.2 使用OmniGraffle绘制流程图

OmniGraffle是由The Omni Group制作的一款绘图软件，其只能运行在OS X和iPad平台之上。OmniGraffle不仅可以用来绘制图表、流程图、组织结构图及插图，而且可以用来整理头脑风暴的信息，绘制思维导图，还可以作为样式管理器，或设计网站框架或PDF文档的原型。

4.2.1 使用 OmniGraffle 绘制流程图的方法

掌握了绘制流程图的基本原则后，下面以使用OmniGraffle绘制流程图为例，讲解绘制流程图的方法。

扫码看视频

（1）打开OmniGraffle软件后，可以看到最上方的工具栏。工具栏中有样式工具、选取工具、形状工具、线条工具、文字工具等常用的工具，如图4-8所示。

图4-8

（2）流程图一般由箭头，以及矩形、菱形等图形组成，故在工具栏中单击形状工具，然后单击样式工具，在弹出的样式列表中选择需要的图形，如图4-9所示。

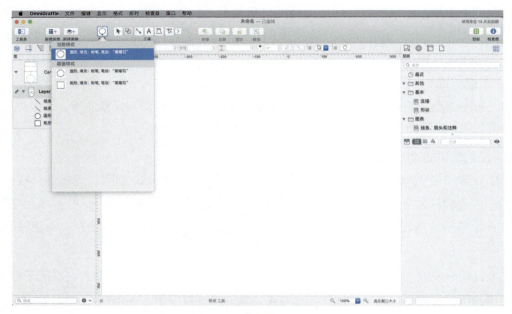

图4-9

例如，如果需要箭头，则单击线条工具，然后单击样式工具，在弹出的样式列表中选择需要的箭头样式，如图4-10所示。

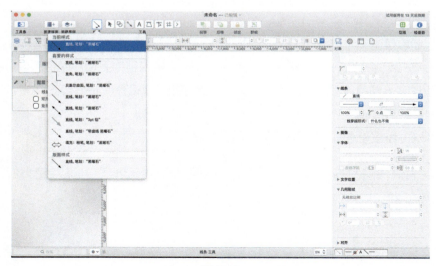

图4-10

（3）在样式列表中选择需要的图形后，将鼠标指针移动到画布上就会出现光标示意，拖曳光标即可绘制出图形。这里绘制一个矩形，如图4-11所示。

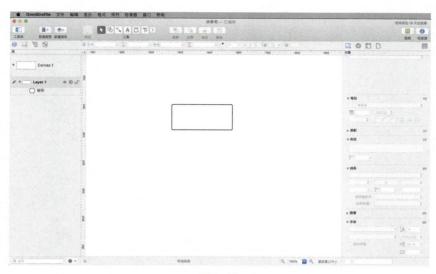

图4-11

（4）使用选取工具选择绘制好的矩形，通过【对象】面板更改矩形为圆角矩形。也可以通过【对象】面板绘制图形，如这里绘制一个菱形，如图4-12所示。

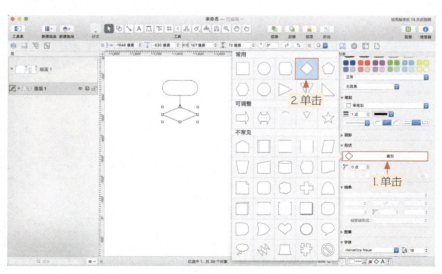

图4-12

（5）使用选取工具单击图形，在工具栏的下方或者【对象】面板的右下方会显示该图形的参数，可根据需要精准调整图形框的各种参数，如图4-13所示。

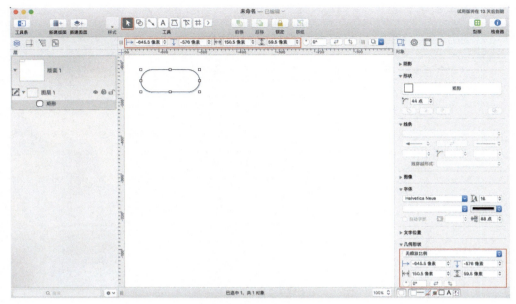

图4-13

（6）双击图形，即可输入文字，然后在【对象】面板中设置字体和字号，如图4-14所示。

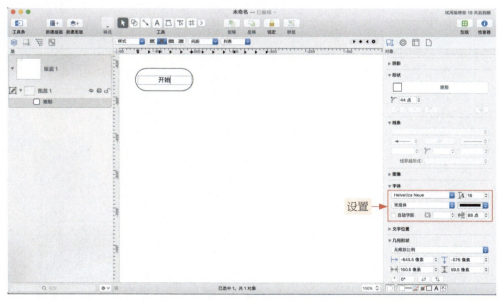

图4-14

（7）在工具栏中单击线条工具，再单击样式工具，在弹出的样式列表中选择需要的箭头样式之后，在两个图形之间拖曳鼠标指针即可绘制连接的箭头，如图4-15所示。

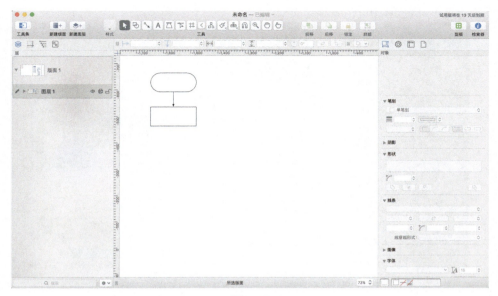

图4-15

4.2.2 绘制购买会员流程图

扫码看视频

现在很多App产品中都采取会员制度，从企业的角度来说，会员制度可以提高用户的黏性，降低用户的流动性，进而长久地留住用户；从消费者的角度来说，购买会员可以享受平台提供的特色服务、优惠价格等特权。一般购买会员的操作是进入【我的】界面，点击【会员中心】按钮，在弹出的【会员中心】界面中购买会员。选择所需要的会员套餐选项、结算、成为会员是基本的购买会员流程。

下面通过一个制作购买会员流程图的案例，详细讲解使用OmniGraffle绘制流程图的思维和方法。

1. 选择会员套餐

在绘制流程图之前，要清楚购买会员的功能逻辑。因此，选择一款App产品，如QQ音乐App，打开该App产品，进入【我的】界面，点击【会员中心】按钮，在弹出的【会员中心】界面中可以看到会员套餐选项以及成为该App产品的会员后可以享受的特权，如图4-16所示。向下浏览页面，会看到与其他App联合的热门会员推荐，用户可根据自身需要选择适合的会员套餐，如图4-17所示。

图4-16 图4-17

根据上述操作过程绘制流程图。因为出现了需要用户判断后进行的操作，即选择直接开通本App会员还是选择开通与其他App联合的会员，所以使用判断图形符号——菱形，并在流程线上双击插入文字"是"和"否"，如图4-18所示。

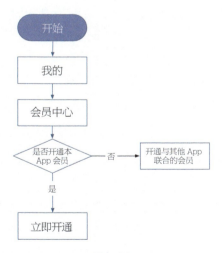

图4-18

2．购买会员

用户点击【新用户低至3折】按钮后，就进入选择相应的会员套餐界面，可以开通月会员、季会员或者年会员，如图4-19（a）所示。选择所需要的套餐后点击【立即激活】按钮，在弹出的界面中按照操作提示购买即可成为会员，如图4-19（b）和图4-19（c）所示。

（a） （b） （c）

图4-19

根据上述操作描述继续绘制流程图，最终效果如图4-20所示。

4.3 使用流程图分析App产品

了解了流程图的概念、构成和绘制方法后，下面以得到拉新流程图为例，拆解产品拉新的逻辑构架，进而对拉新流程进行优化。

4.3.1 制作流程图

图4-21是得到App的拉新操作示意图，通过点击【我的学生证】，得到二维码推广图，再将二维码推广图分享到微信或朋友圈中。分享后，朋友通过识别二维码进入得到App，经过注册、手机验证、兴趣选择完成新成员注册的操作。根据此操作过程绘制拉新流程图，

扫码看视频

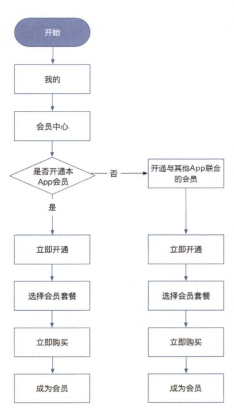

图4-20

73

如图4-22所示。

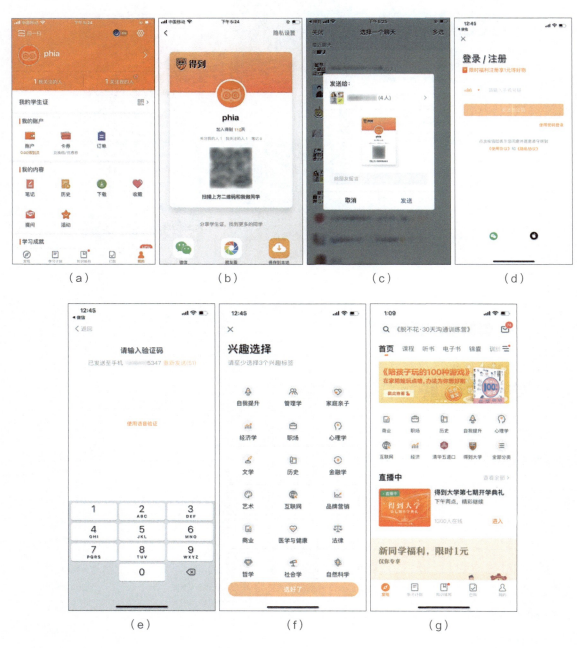

图4-21

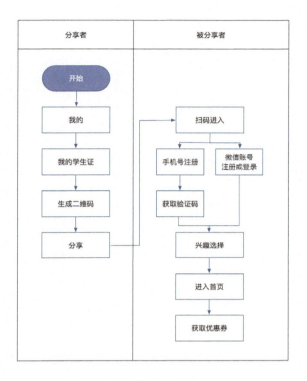

图4-22

4.3.2 分析流程图

下面以得到拉新过程为例，依据拉新流程图分析得到拉新过程中可以优化的环节。

（1）从图4-22所示的拉新流程图中可以看出，老用户通过点击【我的学生证】生成的二维码推广图可以直接分享给好友，或者分享到朋友圈。这里老用户分享单纯是靠自身的主动意愿，建议增加一些奖励机制，以提高老用户拉新的积极性。

（2）新用户识别二维码后，使用手机号注册、微信账号一键注册，或者使用微信账号一键登录。建议除了直接注册、登录外，可以多给用户一些选择，如不想直接注册账号的用户，增加游客浏览登录方式，多创造一些让用户体验后留下的机会。

（3）新用户注册成功后，出现兴趣选择页面，让用户快速找到自己感兴趣的内容，获得精准的课程推荐。进入得到App首页，即可获得一张优惠券。想要学习就得直接付费购买，对课程不是很了解且比较犹豫的用户，就会直接放弃购买。建议针对新用户可以增加一些免费试听音频，在试听后增加付费入会流程，让用户从试听转变为付费购买，进而提高用户的转化率。

4.4 同步强化模拟题

一、单选题

1. 流程图是指通过使用不同的图形符号，将头脑中的（　　）以图形化的形式呈现出来。

A. 形象 　　　　　　　　　　　　　B. 逻辑关系

C. 设计理念 　　　　　　　　　　　D. 雏形设计

2.（　　）体现的是对业务的梳理和总结，有助于产品经理或设计师了解业务流程，并及时发现流程的不合理之处，以进行优化改进。

A. 业务流程图 　　　　　　　　　　B. 页面流程图

C. 任务流程图 　　　　　　　　　　D. 逻辑流程图

3. 流程图的基本构成元素是一个个的（　　）。

A. 位图 　　　　　　　　　　　　　B. 矢量图

C. 图形符号 　　　　　　　　　　　D. 标记

4.（　　）主要体现的是页面元素与页面之间的逻辑跳转关系。

A. 业务流程图 　　　　　　　　　　B. 页面流程图

C. 任务流程图 　　　　　　　　　　D. 逻辑流程图

5.（　　）又称为分支结构，用于判断给定的条件，根据判断结构得出控制程序的流程。

A. 顺序结构 　　　　　　　　　　　B. 循环结构

C. 嵌套结构 　　　　　　　　　　　D. 选择结构

二、多选题

1. 在App产品设计中，流程图主要分为（　　）3种。

A. 业务流程图 　　　　　　　　　　B. 页面流程图

C. 任务流程图 　　　　　　　　　　D. 逻辑流程图

2. 流程图主要有（　　）等结构。

A. 顺序结构 　　　　　　　　　　　B. 循环结构

C. 嵌套结构 　　　　　　　　　　　D. 选择结构

3. 一般流程图的绘制步骤有（　　）等。

A. 调查研究　　　　　　　　　　B. 梳理提炼

C. 绘制草图　　　　　　　　　　D. 使用流程图绘制工具绘制

1. 流程图的可视化表达，易于理解，便于梳理步骤之间的逻辑关系。（　　）

2. 流程图的基本构成元素是一个个的抽象符号，没有特定含义。（　　）

3. 业务流程图体现的是页面元素与页面之间的逻辑跳转关系。（　　）

作业：制作发红包流程图

选择一个可以发红包的App产品，通过实际操作了解该App产品的发红包流程，从而绘制供用户使用的操作流程图。

作业要求

（1）使用OmniGraffle软件绘制流程图。

（2）所使用的流程图符号要符合流程图绘制规范。

（3）作业提交PDF格式的文件。

第 5 章

App产品交互原型设计

在App产品的原型设计过程中，需要先收集用户信息；绘制原型草图；经过产品的交互演示和评价后，再进行原型图设计；在原型图的基础上制作交互稿。本章主要介绍App产品的原型设计流程，并通过一个商用案例讲解如何使用墨刀制作原型图。

5.1 认识原型设计

原型设计是交互设计师、产品设计师与产品经理对产品框架的直观展示。在App产品设计前期，原型图应用在开发团队对产品基本功能的研发工作当中，是产品开发过程中高效的交流方式之一。

5.1.1 什么是原型图和线框图

原型图作为原型设计的主要呈现方式之一，通过中保真、高保真的呈现效果，将产品的内容、布局、功能和交互方式展示出来。原型图主要用于产品可用性测试与后续内容的开发。图5-1所示为中保真的原型图效果。

图5-1

线框图用于表达产品的结构与布局，由简单的线段框架和灰色色块组成。原型图与线框图之间的差异在于线框图常应用于开发团队内部，大多出现在头脑风暴的会议当中，能助设计师快速地形成产品的大致框架。原型图则是动态且可交互的，界面间的跳转可以更加准确、直观地展示产品的交互逻辑。图5-2所示为在纸稿上绘制的线框图效果，通过简单的线条规划界面的布局。

图5-2

5.1.2 原型图设计的目的

原型图设计的目的是将产品理念和功能变成初步的产品交互模型。产品的服务与功能通过原型图快速地演绎出来，既可节省开发的成本，又能更好地解决识别问题，并且在解释交互功能的同时，降低产品开发过程中出现的错误率，从而有效减轻产品测试后修改和优化的工作压力。

5.2 绘制原型图的基本流程

在绘制原型图时，需要明确用户需求，厘清工作流程。标准的工作流程能够使设计工作高效化。绘制原型图的基本流程如图5-3所示。

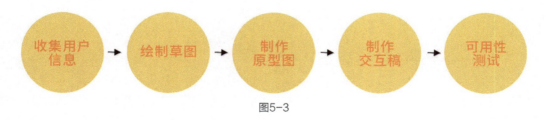

图5-3

5.2.1 收集用户信息

在App产品设计初期，用户信息的收集与分析可为产品的核心定位与功能类型提供信息基础。

1.收集用户信息

根据产品功能所对应的使用人群收集用户信息，对用户的年龄、性别、爱好、特征和使用产品的场景进行分析。常用的收集用户信息的方式有问卷调查、面对面访谈和大数据分析等。最终根据收集到的用户信息模拟用户画像，如图 5-4 所示。

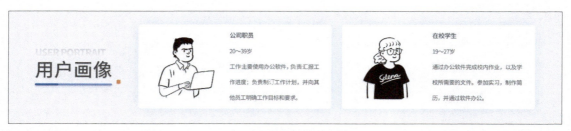

图5-4

2. 分析用户特点

根据调研数据（见图5-5），总结用户的使用频率、功能要求、需求目标等特点，在产品研发过程中明确产品的定位。

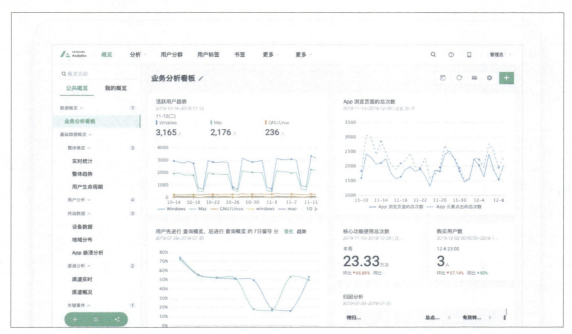

图5-5

3. 提取关键词

将用户的特点进行标签化分类，提取相应的关键词，作为产品功能定位的基础要素。

在设计初期，针对用户信息的调查研究必不可少，将用户需求融入App产品设计中，可以更好地规划产品的发展途径与未来方向。产品与服务能够为用户带来良好的使用体验，满足用户对产品功能的需求是产品更新发展的持续动力。

5.2.2 绘制草图

根据用户信息关键词，绘制草图，如图5-6所示。

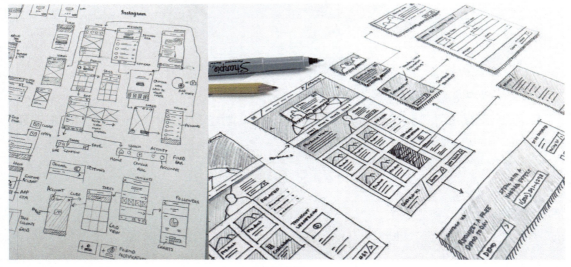

图5-6

草图可以用笔在本子上随意绘制，不需要严格的线条与尺寸，更不需要考虑美观的因素，表达想法才是关键所在。草图要表达的信息包括大致的模块位置、基本的功能、简单的交互逻辑等。草图常用于团队头脑风暴的会议当中。为了展示产品的功能逻辑关系与操作流程，还需绘制出界面操作流程图。

草图绘制完成后，在团队讨论过程中，向团队成员演示功能模块的操作与交互逻辑，通过团队成员的分析评论，调整细节，查漏补缺，进而明确原型图的设计方向，为实际App产品设计做好前期的规划。

5.2.3 制作原型图

明确了App产品的用户定位与功能后，就可以制作原型图了。制作原型图的一般步骤如下。

1．选择工具

常用的原型图制作工具有 Axure、Sketch、Mockplus、墨刀、PowerPoint（简称 PPT）等。工具的选择并没有严格的规定，设计师可以根据自己的喜好以及对软件的熟练程度进行选择。使用何种工具进行绘制并不重要，重要的是产品的功能、元素、排版、布局以及逻辑关系的合理安排。

2．明确逻辑

完成用户信息收集、App 产品功能的演示与评论后，从整理好的信息中提取关键词，并根据关键词设计原型图。注意梳理层级关系，突出重点模块，控制好 App 产品设计中的视觉导流。通过版式设计，帮助用户快速理解 App 产品的交互逻辑，减少用户的时间成本。

3．合理交互

为了让开发团队快速理解 App 产品的功能，不仅需要清晰严谨的流程图，还需要完整的原型图，用于展示不同界面之间的交互关系。原型图能够使界面之间的切换和跳转保持合理性，可有效地表达完整的功能，保证交互效果的顺畅。

5.2.4 制作交互稿

交互稿是在原型图的基础上制作的，在 App 产品的交互效果与操作功能的设定中融入用户的心理需求。制作好原型图后，还需要明确产品功能并展示给后续的开发、设计和测试的工作人员，因而对交互稿内容的逻辑有着更高要求。

交互稿需要呈现的信息如下。

（1）明确的功能点，即明确界面组成中所有的元素和功能。

（2）操作点的各个状态，包括用户点击、未点击、不能点击等状态，需要在交互稿中完整地展示。

（3）完整的界面操作流程。详细、完整的界面操作流程，包括全部产品页面与交互功能，以及错误页面、断网页面和空状态页面等异常情况。

交互稿的制作原则如下。

（1）标准规范。

（2）模拟真实。

（3）方便可读。

（4）逻辑严谨。

交互稿最重要的是体现交互功能。图5-7所示的交互稿是通过指引线让团队成员了解界面之间的交互逻辑的。

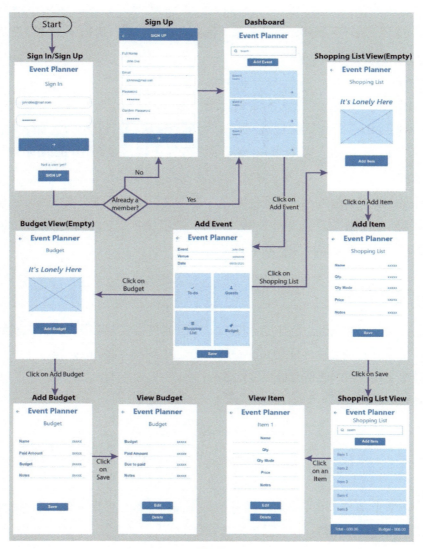

图5-7

5.2.5 可用性测试

原型图制作好后，需要进行可用性测试。可用性测试的内容包括App产品的视觉是否合理，交互逻辑是否顺畅以及操作是否完整等。由于设计人员对原型图已经十分熟悉，不好做出客观的判断，就需要其他人员进行测试。为原型图的界面标注操作注释，是为了让测试人员更方便地了解界面的操作方法。图5-8所示为界面操作的指示图。

图5-8

可用性测试的主要测试流程为制定测试方案、预测试、用户邀请和数据分析等。其中制定测试方案主要针对App产品的有效性、流畅性、交互性和容错性等特性制定测试方式。预测试则是开发人员的简单测试。用户邀请是要根据App产品的功能，通过邀请不同属性的用户对产品进行体验与反馈。根据用户反馈进行数据分析并制作数据报告，再根据数据报告对产品进行调整与优化。

5.3 认识墨刀

墨刀是北京磨刀刻石科技有限公司研发的一款能够实现在线原型设计与协作的工具型产品，被广泛应用在原型图制作、界面设计、流程图展示与思维导图的设计中，其便捷的操作界面和强大的交互演示功能可大量节省设计时间，在产品的功能表达与测试推广方面同样表现卓著。

5.3.1 墨刀的基本使用方法

打开网页版墨刀软件后，首先进入操作界面。墨刀的操作界面主要由菜单工具栏、工具栏、页面列表、组件库、图标工具栏、元素列表、工作区、【外观】面板、【事件】面板等组成，如图5-9所示。

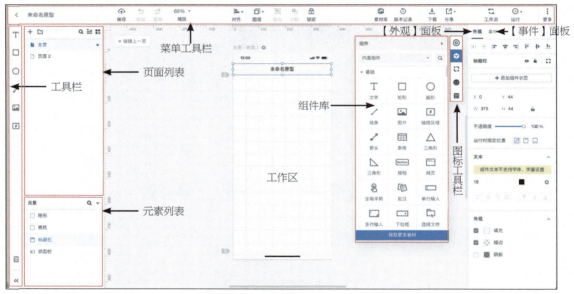

图5-9

1. 菜单工具栏

菜单工具栏除了显示当前的文件信息，还可以进行保存、调整、对齐、组合、打开素材库、下载与分享等与文件相关的操作。在原型图设计中，通过【撤销】和【重做】按钮可以快速地调整设计操作。

2. 工具栏

不同于其他的原型图设计软件，墨刀的工具栏十分简洁，只有文字、矩形、圆、直线、图片和链接区域6个工具，如图5-10所示。这6个工具和1个页面回收站🗑，完全可以满足用户基本的操作需要。

3. 页面列表

页面列表用于显示所有的设计页面，以及新建页面和页面文件夹，如图5-11所示。当页面过多时，也可以搜索查找相应页面。还可以为单独的页面添加子页面、添加子文件夹、创建副本，移动其位置或将其删除。

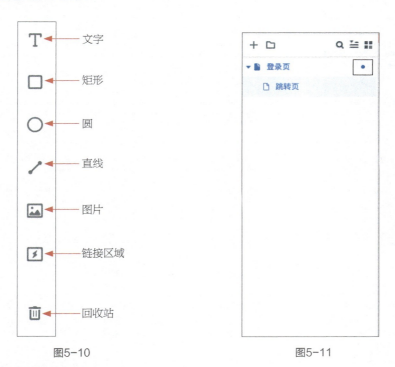

图5-10   图5-11

4. 组件库与图标工具栏

用户可以在工作区的右侧找到组件库和图标工具栏。在图标工具栏中可以选择的工具有页面状态、内置组件、我的组件、图标和母版，如图5-12所示。

组件库中包含内置组件、基础组件以及苹果iOS、谷歌、微信、蚂蚁金服等热门组件，如图5-13所示。

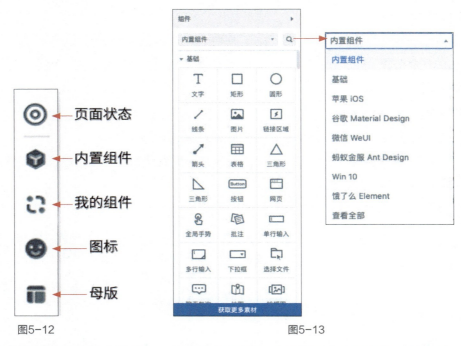

图5-12　　　　　　　　　　　　　　　　　　　　　图5-13

　　在【内置组件】面板中选择一个组件并将其拖曳至工作区中即可使用。单击某一组件，将弹出该组件的【外观】面板，在该面板中可以对组件的外观效果进行调整，如位置、颜色、透明度、填充与描边等，大大减少设计者构思的时间和设计的成本。

　　在组件库的下拉列表中选择【查看全部】选项，将显示组件库的全部内容，如图5-14所示。

图5-14

墨刀还提供了素材广场供设计者选择需要的素材。在素材广场中设计者可以看到近期热门和个性化的设计素材，为App产品的设计提供参考。也可以在提供的素材上直接编辑自己的设计。单击图5-14中的【前往素材广场】选项卡，即可进入素材广场。

【页面状态】面板中显示的是各个界面可以设定的交互事件，同一界面可以增加不同的页面状态。其中，修改母版可以将所有继承母版的页面进行同步修改。例如，将矩形作为母版应用到其他页面中，双击矩形即可编辑母版，修改母版的事件为跳转到第2页，那么其他应用了该母版的页面也会变为单击矩形跳转到第2页，如图5-15所示。

（a）　　　　　　　　　　　　　　（b）

图5-15

【图标】面板与【内置组件】面板的使用方式相似，同样也可以在素材广场中搜索和使用图标素材，如图5-16所示。

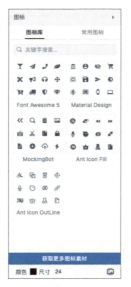

图5-16

5．元素列表

在组件库中选择某一组件后，该组件就会在元素列表中显示，可以对这些在界面中出现的元素进行锁定、隐藏和链接等操作，如图5-17所示。元素列表与其他设计软件中的图层功能相似，移动列表中元素的位置就可以调整元素的顺序。当元素过多时，同样可以进行搜索，以便快速找到相应的元素。也可以将元素设置为母版，使其具有继承性，如在每个页面中的相同位置出现。

图5-17

6．【外观】面板与【事件】面板

墨刀的整体界面布局与市面上其他的UI设计软件的界面布局相似，【外观】面板与【事件】面板在整个操作界面的右侧，如图5-18所示。选中某一元素时，在【外观】面板中可以设置元素的相关属性。选择不同的元素时，【外观】面板与【事件】面板会进行相应的变化。在未选中任何元素时，只显示【项目设置】面板，在该面板中可以进行整个项目的设置，如调整页面的布局和网格等，如图5-19所示。

图5-18

图5-19

在选中页面时，【项目设置】面板就自动切换为【页面设置】面板与【全局事件】面板，如图5-20所示。在【页面设置】面板中可以设置页面大小、选择横屏或竖屏，也可以根据需要设置页面背景颜色、屏幕固定区域和相应的页面链接功能。在【全局事件】面板中可以为整体页面添加交互效果，在【事件】下拉列表中可选的与App用户操作相关的交互事件有单击、左滑、右滑、上滑、下滑、长按、双击等。

图5-20

当选中界面中的某一组件时，通过【样式】面板与【事件】面板可以调节组件的位置、大小、外观、动效等。也可以直接在组件中添加文字，相应的在【样式】面板中可以对文字的属性进行设置。

7. 工作区

工作区位于墨刀操作界面的中部，是最大的操作面板。在工作区中，可以观察界面设计情况，或者进行增加（删除）组件、移动界面中的元素等操作。同样，墨刀的操作界面也带有标尺功能，可以增加或删除参考线，让设计更加精准，如图5-21所示。

图5-21

5.3.2 使用墨刀绘制 App 产品原型图

科技的发展改变了人们的生活和工作方式，很多企业越来越倾向选择简洁、轻便的办公方式来办公。本次项目的任务是设计一款在线办公的 App 产品，实现多人在线对文档、表格、演示文稿等文件进行编辑的功能，完成团队协作任务。

1．产品调研

（1）产品功能。

本产品将改变传统文件的处理方式，通过在线文件储存和文档创作等线上操作，减少团队成员的沟通成本，快速实现对文件的编辑工作，提高工作效率。

（2）用户群体。

本产品面向需要处理文档、表格、演示文稿等办公文件的用户，通过手机编辑就可以实现多人填写、修改、标记文件的功能。

（3）解决问题。

本产品可以在疫情期间完成线上办公功能，减少远程办公的沟通成本，实现多人在线办公，提高工作效率。

2．软件操作

启动墨刀软件后，单击【新建】按钮，在弹出的列表中选择【原型】命令，在弹出的界面中选择合适的界面尺寸，如iPhone 11 Pro/X（375×812），如图5-22所示。选择好界面尺寸后就会自动进入工作区。

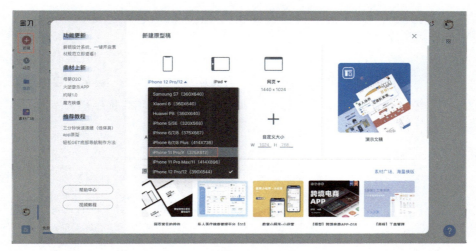

图5-22

将此App产品命名为"云空间设计"，如图5-23所示。首页的展示形式以列表为主，展示能够编辑的文件名称和格式。

图5-23

首页主要由6个部分组成，分别是状态栏和导航栏、搜索栏、状态分类、文件排序、文件列表、菜单栏。各部分的制作过程如下。

（1）制作状态栏和导航栏。

由于墨刀软件已将状态栏自动制作好了，故只需制作导航栏。设置两条参考线，使其分别在纵向位置与界面边缘的距离为16pt，如图5-24所示。

在组件库中选择【圆形】组件并将其拖曳至界面中，填充白色，取消描边。调整圆形的大小为32pt×32pt；调整圆形的位置，设置X数值为22，Y数值为50。选择【文字】组件并将其拖曳至界面中，双击编辑文字为"小云间"，设置字体大小为18，调整文字的位置，设置X数值为68，Y数值为55。在图标库中选择一个扩展图标 ⋮，并将其拖曳至界面内。调整图标的位置，设置X数值为335，Y数值为56，效果如图5-25所示。

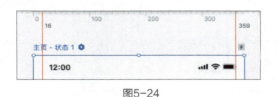

图5-24

图5-25

（2）制作搜索栏。

在组件库中选择【矩形】组件并拖曳至界面中，调整矩形的大小为375pt×52pt；调整矩形的位置，设置X数值为0，Y数值为88；设置矩形的填充颜色为#FFFFFF。继续拖曳一个矩形至界面中，设置填充颜色为#F8F8F8，取消描边，调整其大小为340pt×34pt，设置X数值为18，Y数值为97。

选择【文字】组件并将其拖曳至界面中，双击修改文字为"会议表格"，设置字体大小为14；调整字体的位置，设置X数值为57，Y数值为103。在组件库中选择【线条】组件并将其拖曳至界面中，设置填充颜色为#F8F8F8，长度为375，X数值为0，Y数值为140。在图标库中选择一个 🔍 图标并拖曳至界面中，设置图标的大小为16pt×16pt；调整图标的位置，设置X数值为32，Y数值为106。制作好的搜索栏的效果如图5-26所示。

图5-26

（3）制作状态分类。

在组件库中选择【矩形】组件并将其拖曳至界面中，调整其大小为375pt×44pt，再调整其位置，设置X数值为0，Y数值为142；取消描边。选择【文字】组件并将其拖入界面中，分别输入文字"云端""本地"和"收藏"，设置字体大小为14。在图标库中选择 ☁、◔ 和 ★ 图标，将图标与文字一一对应并水平对齐后编组，等距排列。在组件库中选择【线条】组件并拖曳至界面中，设置填充颜色为#F8F8F8，长度为24，复制该线条并放置于三组元素的中间。在组件库中再次选择【线条】组件并拖曳至界面中，设置填充颜色为#F8F8F8，长度为375，X数值为0，Y数值为184，复制该线条并放置于三组元素的两边，效果如图5-27所示。

图5-27

（4）制作文件排序。

在组件库中选择【矩形】组件并拖曳至界面中，调整其大小为375pt×30pt，设置X数值为0，Y数值为186。选择【文字】组件并拖曳至界面中，分别输入"日期""文件格式""未读"，设置字体大小为14。在图标库中选择 ▼ 图标并拖曳至界面中，调整该图标的大小为10pt×10pt。在组件库中选择【线条】组件并拖曳至界面中，设置填充颜色为#F8F8F8，长度为375，X数值为0，Y数值为216。制作好的文件排序效果如图5-28所示。

（5）制作文件列表。

在组件库中选择【矩形】组件并拖曳至界面中，调整其大小为375pt×70pt，设置X数值为0，Y数值为218。选择【圆形】组件并拖曳至界面中，调整其大小为50pt×50pt，设置X数值为16，Y数值为228。添加文字和其他元素，排列方式如图5-29所示。

图5-28

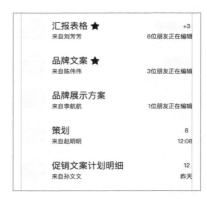

图5-29

（6）制作菜单栏。

在组件库中选择【矩形】组件并拖曳至界面中，调整其大小为375pt×49pt，设置X数值为0，Y数值为729。利用【文字】组件输入"首页""通讯录""消息""发现""我的"。在图标库中选择相应的图标，将文字和图标在界面中进行分组排列，效果如图5-30所示。

图5-30

页面1制作好后，调整文件列表内容，效果如图5-31所示，复制页面1制作页面2，效果如图5-32所示。

图5-31

图5-32

3. 设置事件

选中 ★ 收藏 元素，为其添加单击事件，即单击收藏图标时跳转到页面2；再选择页面2，然后选中 ☁ 云端 元素，为其添加单击事件，即单击云端图标时跳转到主页。具体的调整参数如图5-33所示。

图5-33

单击菜单工具栏中的【运行】按钮 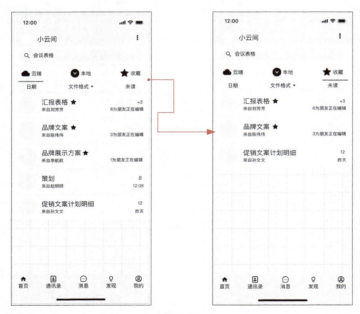，即可查看事件效果，如图5-34所示。

图5-34

5.4 同步强化模拟题

一、单选题

1. （　　）是交互设计师、产品设计师与产品经理对产品框架的直观展示。

A. 原型设计 　　　　　　　　　　　B. 产品设计

C. 版式设计 　　　　　　　　　　　D. 框架设计

2. （　　）用于表达产品的结构与布局，由简单的线段框架和灰色色块组成。

A. 草图 　　　　　　　　　　　　　B. 原型图

C. 线框图 　　　　　　　　　　　　D. 框架图

3. 交互稿是在（　　）的基础上制作的，在App产品的交互效果与操作功能的设定中融入用户的心理需求。

A. 草图 　　　　　　　　　　　　　B. 原型图

C. 线框图 　　　　　　　　　　　　D. 框架图

4. （　　）的主要测试流程有制定测试方案、预测试、用户邀请和数据分析等。

A. 可用性测试 　　　　　　　　　　B. 应用性测试

C. 用户测试 　　　　　　　　　　　D. 平台测试

5. 墨刀是一款（　　）的办公协作平台，广泛应用在原型图制作、界面设计、流程图展示与思维导图的设计中。

A. 草图设计 　　　　　　　　　　　B. 离线原型设计

C. 线框图设计 　　　　　　　　　　D. 在线原型设计

二、多选题

1. 收集用户信息的过程是根据产品功能所对应的使用人群收集用户信息，对用户的（　　）进行分析。

A. 年龄 　　　　　　　　　　　　　B. 性别

C. 爱好 　　　　　　　　　　　　　D. 特征

E. 工作单位 　　　　　　　　　　　F. 姓名

G. 使用产品的场景

2. 下列（　　）是常用的原型图制作工具。

A. 墨刀　　　　　　　　　　　　　　B. PowerPoint

C. Photoshop　　　　　　　　　　　D. Axure

E. InDesign

3. 草图要表达的信息包括大致的（　　）等。

A. 细节表达　　　　　　　　　　　　B. 模块位置

C. 基本的功能　　　　　　　　　　　D. 简单的交互逻辑

三、判断题

1. 原型图设计的目的是将产品理念和功能变成初步的产品交互模型。（　　）

2. 交互稿的制作原则：① 标准规范；② 模拟真实；③ 方便可读；④ 逻辑严谨。（　　）

3. 墨刀是一款位图编辑设计软件。（　　）

作业：选择一款App产品，使用墨刀软件绘制它的原型图和交互稿

任意选择一款App产品的某一功能来绘制原型图，并制作交互稿。例如，票务App的购票过程，将涉及购票的界面都绘制成原型图，并制作交互稿，完成一系列购票的点击和跳转操作。

核心知识点： 原型图制作规范，墨刀软件的使用方法，页面的跳转功能设置等。

尺寸： 375像素 ×812像素。

颜色模式： RGB。

分辨率： 72ppi。

背景颜色： 自定义。

作业要求

（1）使用墨刀软件制作该App产品的原型图，根据页面之间的跳转关系制作交互稿。

（2）作业需要符合尺寸、颜色模式和分辨率等要求。

第 6 章

移动端App产品设计规范

在设计App产品原型时，设计师需要非常熟悉基于各个常用操作系统的设计规范，才能实现与前端的完美对接。移动端App产品的设计规范对App产品设计师来说是必须要掌握的基本技能，因为它直接影响App产品设计流程的完整性和流畅性。

本章将基于目前市场上使用的两大主流操作系统iOS和Android对App产品的设计规范进行详细讲解，以便让读者快速掌握App界面设计的规范。

6.1 移动端App产品设计中常用的单位

在进行App产品的设计之前，需要先对App产品设计中经常使用的单位有所了解。常使用的单位有in、px、pt、ppi和sp，下面进行详细的讲解。

1. in

英寸（inch，in）是英式的长度单位，一般用以定义屏幕的尺寸，1英寸≈2.54厘米。注意：常说的4.7英寸、5.5英寸和5.8英寸指的是手机屏幕对角线的长度，如图6-1所示。

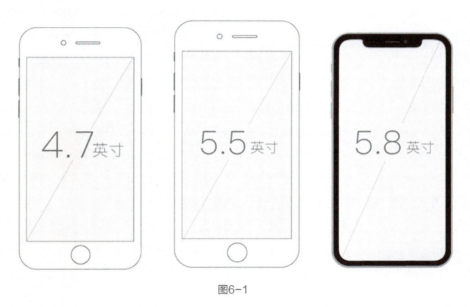

图6-1

2. px

像素（pixel，px）是数字图像的最小单位。在对屏幕分辨率进行描述时，使用的就是此单位，1px就是1个像素点，如iPhone X的分辨率为1125px×2436px，即表示在该手机屏幕上，水平方向每行有1125个像素点，垂直方向每列有2436个像素点。

注意：px是非物理性单位，它只是像素点的数量单位，无法明确每个像素点的具体尺寸的。

3. pt

点（point，pt）是印刷行业常用的单位。1pt=1/72英寸≈0.352毫米。在App产品设计中，设置文字时经常会使用此单位。

pt与px之间有个换算公式，即在ppi为72时，1pt=1px；当ppi为144时，1pt=2px；也就是说当使用1125px×2436px的尺寸进行设计时，开发人员会将标注的文字的pt尺寸除以2后再使用。

提示 设计App产品界面时，如果设计师使用的是Photoshop软件，则使用的单位是px。如果使用的软件是Sketch，则使用的单位是pt。

4．ppi

像素密度（pixels per inch，ppi）是屏幕分辨率单位。ppi的数值越高，显示屏就能以越高的密度显示图像，所呈现出的拟真度就越高，细节就越丰富。当手机屏幕中的像素密度相同时，元素的尺寸以及间距的物理尺寸是相同的；而当手机屏幕中的像素密度不同时，元素的尺寸和间距的物理尺寸会完全不同。元素呈现的物理尺寸与手机屏幕的尺寸没有必然的联系，只与屏幕的像素密度相关。

目前，iOS系统只有6种像素密度，即iPhone 1/3G/3GS的163ppi，iPhone 4/4s/5/5s/5C/6/6s/7/8/SE/XR/11的326ppi，iPhone 6+/6s+/7+/8+的401ppi，iPhone X/XS/XS Max/11 Pro/11 Pro Max/12 Pro Max的458ppi，iPhone 12的460ppi和iPhone 12 mini的476ppi。而Android系统的像素密度就有很多种，常见的有HUAWEI Mate 40 Pro的456ppi，OPPO R1S的294ppi，以及三星Galaxy S4的441ppi等。

5．sp

sp（scale independent pixels，与缩放无关的抽象像素）是Android系统中的字体单位，是为了一稿适配不同的移动端设备而创建的。

6.2 基于iOS系统的App界面设计规范

iOS是由苹果公司开发的移动端操作系统，其美观的界面、操作的流畅性一直是iOS的最大优势。苹果公司一直在引领UI设计的方向，无论是从拟物化设计还是到iOS 7的扁平化设计，iOS的设计规范一直都有着明确的标准。App产品设计师必须要明确这些设计规范，才能设计出符合系统应用的图形界面。

6.2.1 iOS界面尺寸

根据设备尺寸的不同，App产品的界面尺寸有很多种。为了节省设计制图的成本，最好能够实现一稿适配多种尺寸。目前，在进行App产品界面设计时，常以iPhone X和iPhone 6的界面尺寸为基准，具体如表6-1和图6-2所示。

表6-1

设备名称	竖屏分辨率	ppi	状态栏高度	导航栏高度	标签栏高度	显示尺寸
iPhone X	1125px × 2436px	458ppi	132px	132px	147px	5.8in
iPhone 6	750px × 1334px	326ppi	40px	88px	98px	4.7in

图6-2

由于iPhone采用了 Retina 视网膜屏幕，其中iPhone X 采用的是3倍率的分辨率，其他都是采用的2倍率的分辨率，因此在建立界面设计尺寸时，可以将画布的大小设计为表6-2中的尺寸。

表6-2

设计尺寸	iPhone X	iPhone 6
Sketch/Adobe XD 设计尺寸	375pt × 812pt	375pt × 667pt
Photoshop 设计尺寸	1125px × 2436px(144ppi)	750px × 1334px(144ppi)

6.2.2 iOS 图标尺寸

App产品中含有多种图标，其中包含有App Store图标、应用图标、Spotlight图标（聚焦搜索中的图标）和设置图标等。在进行App产品设计时，需要熟悉掌握这些图标尺寸，如表6-3所示。SKetch软件中提供了iOS系统的App尺寸图标模板，可以直接使用，建议按照1024pt×1024pt尺寸进行设计制作。

表6-3

设备名称	App Store 图标	应用图标	Spotlight 图标	设置图标
iPhone X/8+/7+/6s+/6s	1024px × 1024px	180px × 180px	120px × 120px	87px × 87px
iPhone 8/7/6/SE/5s/5c/5/4s/4	1024px × 1024px	120px × 120px	80px × 80px	58px × 58px

6.2.3 iOS 字体

iOS系统中有固定的字体，iOS 10以上的系统的中文字体使用的是"苹方（PingFang SC）"，英文字体使用的是"SF UI Text"（文本模式）和"SF UI Display"（展示模式）两种字体，其中"SF UI Text"字体用于小于19pt的文字，"SF UI Display"字体用于大于20pt的文字。iOS 9系统的中文字体使用的是"冬青黑"，英文字体使用的是"Helvetica Neue"。

在此要特别说明的是，由于文字在App产品中出现的位置不同，因此字体的大小只是作为参考，可以根据App产品的具体项目需求进行调整，但无论如何字号的大小都需要为偶数。常见的字号应用如表6-4所示。

表6-4

位置	字族	实际像素	行间距	字间距
大标题	Regular	68px	41	+11
标题一	Regular	56px	34	+13
标题二	Regular	44px	28	+16
标题三	Regular	40px	25	+19
副标题	Regular	30px	20	−16
正文	Regular	34px	22	−24
标注	Regular	32px	21	−20
注解	Regular	26px	18	−6

　　基于iOS系统的App产品设计，要注意使用相应的字族（即字体本身的字重），不能随意地使用加粗功能。在进行文字排版的同时，还要注意行间距及字间距，不同位置上的文字，行间距及字间距都有所不同，需要特别注意。另外，关于字体的颜色，App产品中字体的颜色很少使用纯黑色，一般会使用不同的灰度值对重要信息和次要信息进行区分，如#333333常用于标题，#666666常用于正文，#999999常用于辅助、次要的文字。

6.3　基于Android系统的App界面设计规范

　　Android是由谷歌公司开发的移动端操作系统。与iOS不同的是，使用Android的品牌手机厂商会基于Android进行一定的优化和再开发，如小米手机的MIUI操作系统，华为手机的EMUI操作系统等。基于Android系统的App界面设计相对比较灵活，不同品牌手机的主题和交互方式也会有所区别，但基本的设计规范仍然需要掌握。

　　本节将围绕Android的原生系统Material Design进行讲解。

6.3.1　Android 界面尺寸

　　由于Android是开放的，所以各个品牌手机厂商生产的屏幕尺寸和分辨率各有不同。目前，市场上常见的具有代表性的设备屏幕尺寸如表6-5所示。

表 6-5

设备名称	物理分辨率	ppi	显示尺寸
HUAWEI Mate 40 Pro	1344px × 2772px	456ppi	6.76in
HUAWEI P20	1080px × 2244px	428ppi	5.8 in
HUAWEI P10	1080px × 1920px	432ppi	5.1in
HUAWEI P10 Plus	1440px × 2560px	540ppi	5.5in
vivo X9/X9s	1080px × 1920px	401ppi	5.5in
小米 6	1080px × 1920px	428ppi	5.15in
红米 4/4X	720px × 1080px	296ppi	5.0in
OPPO R9s/R11	1080px × 1920px	401ppi	5.5in
OPPO A37	720px × 1080px	293ppi	5.0in
Sansung Galaxy S8	1440px × 2560px	570ppi	5.8in

从Android分辨率发展的趋势来看，可以判断出Android手机的操作系统分辨率在未来较长的一段时间内会保持以下几个：720px×1080px、1080px×1920px、1440px×2560px、2160px×3840px。

在进行基于Android系统的App产品界面设计时，设计师可以使用720px×1080px、1080px×1920px作为基准设计尺寸。

6.3.2 Android 图标尺寸

Android系统中含有多种图标，其中包含启动图标、操作栏图标、上下文图标和系统通知图标。在进行基于Android系统的App产品图标设计时，需要牢固掌握这些图标尺寸，具体如表6-6所示。

表 6-6

屏幕尺寸	启动图标	操作栏图标	上下文图标	系统通知图标
320px×480px	48px×48px	32px×32px	16px×16px	24px×24px
480px×800px、480px×854px、540px×960px	72px×72px	48px×48px	24px×24px	36px×364px
720px×1280px	48px×48px	32px×32px	16px×16px	24px×24px
1080px×1920px	144px×144px	96px×96px	48px×48px	72px×72px

6.3.3 Android 字体

Android系统中的中文字体使用的是思源体，英文字体使用的是Roboto，具体尺寸如表6-7所示。Android系统中的字体使用的单位是sp。dp是谷歌公司特有的计量单位，是一种基于像素密度的抽象单位，在每英寸160点时，1dp=1px。

表 6-7

位置	字族	实际像素	行间距	字间距
大标题	Regular	24sp	34dp	0dp
副标题	Regular	17sp	30dp	10dp
正文	Regular	15sp	23dp	10dp

6.4 App产品通用设计规范

在进行App产品设计时，还有一些设计规范是通用的，例如全局边距和卡片间距。统一的边距与间距能够规范整个界面版式，使界面更加简洁、美观。

6.4.1 全局边距

全局边距指的是内容到屏幕边缘的距离。在进行App产品设计时，应该使用统一的全局边距距离，以使App产品整体的视觉效果具有统一性。在实际的应用中，不同的App产品可以根据不同的属性采用不同的全局边距。常用的全局边距有32px、30px、24px、20px等。注意：所使用的全局边距的数值要为偶数。

以iOS界面为例，【设置】界面中所使用的全局边距距离为30px，而iOS 13的界面中所使用的全局边距为40px，微信和支付宝的界面中使用的全局边距为32px，如图6-3所示。30px的全局边距是非常舒服，是设计应用的首选项。全局边距最小值不应小于20px，当全局边距低于20px，界面中所呈现的内容就会比较拥挤，会给用户造成浏览的视觉负担。

iOS 13界面
全局边距为40px

微信界面
全局边距为32px

支付宝界面
全局边距为32px

图6-3

6.4.2 卡片间距

在App产品界面设计中，卡片式的布局方式是非常常见的一种布局。卡片和卡片间的距离可以根据界面的风格以及卡片中承载的信息量的多少来决定，使用最多的间距为20px、24px、30px、40px。卡片间的距离不宜过大，也不宜过小，过大的距离会使界面变得松散；最小的距离不要小于16px，过小的距离会使用户产生紧张感。

以iOS界面为例，【设置】界面中所使用的卡片间距为70px，而微信界面中所使用的卡片间距为40px。由于电商类App产品界面中需要承载更多的信息，因此卡片间距的距离会更小，卡片间距一般会设为20px或16px，如淘宝App中聚划算界面中的卡片间距就为20px，如图6-4所示。

iOS界面
卡片间距为70px

微信界面
卡片间距为40px

聚划算界面
卡片间距为20px

图6-4

6.5 同步强化模拟题

一、单选题

1. ppi指的是（　　）。

A. 像素密度   B. 分辨率

C. 逻辑像素   D. 像素

2. 根据pt与px之间的换算公式，ppi为72时，1pt=1px；当ppi为144时，1pt=（　　）px。

A. 4   B. 3

C. 2   D. 6

3. sp是Android操作系统中（　　）的基本单位。

A. 长度   B. 分辨率

C. 位图   D. 文字

二、多选题

1. 以下哪些是App产品设计中常用的单位？（　　）

A. in   B. px

C. pt   D. sp

E. ppi

2. iOS 9操作系统的中文字体使用的是（　　），英文字体使用的是（　　）。

A. 冬青黑   B. SF UI Text

C. Helvetica Neue   D. 苹方

3. iOS 10操作系统的中文字体使用的是（　　），英文使用的是（　　）。

A. 冬青黑   B. SF UI Text

C. Helvetica Neue   D. 苹方

三、判断题

1. Android是由微软公司开发的移动端操作系统。（　　）

2. 在App产品设计中，所有字号的设置都必须为奇数。（　　）

3. px（像素）是像素点的数量单位，属于物理性单位。（　　）

作业：设计一款音乐类App产品的界面

根据iOS设计规范，设计一款音乐类App产品的界面。

作业要求

（1）使用Sketch或Adobe XD软件进行App产品的界面设计。

（2）按照iOS设计规范进行界面和图标的设计。

（3）界面数量为15个。

第 **7** 章

组件设计

作为一名App产品设计师，需要具备组件化思维，如何搭建组件库和设计规范更是App产品设计师需要掌握的。本章主要讲解组件的设计流程，以及组件的使用方法。

7.1 认识移动端UI设计组件

一个成熟的设计团队会有组件库和对应的设计规范，组件库对于团队和个人来说都是非常高效的设计模板，当遇到同一类组件设计场景时就可以复用，这样可以减少设计和开发的时间成本，保证产品体验的统一性，避免多样式的组件给用户带来认知障碍。设计规范可用于指导团队成员使用组件和进行项目设计。在使用组件前，首先要熟知App组件的组成。根据组件的用途，组件可以分为8类：导航、引导、加载、网络异常、空数据类型、提示、操作、单元控件，如图7-1所示。

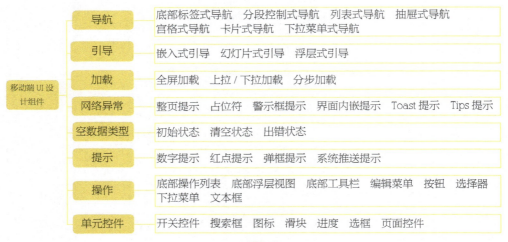

图7-1

7.1.1 UI 设计组件

在可视化界面设计中，UI 设计组件是指由界面特定元素组成的可被重复利用的控件或元件。例如，QQ 聊天就是一个组件系统，这个系统中又分了很多组件模块，包括输入聊天内容、查看聊天记录、发送文件等。在这些组件模块中又包含了最基本的组件元素，包括按钮和图标等。根据按钮的使用场景，按钮的使用状态又分为默认状态、悬停状态、禁用状态、点击状态、忙碌状态。而按钮组件是可以重复使用在一些需要点击确认的界面中，所以组件具有独立性、完整性、可自由组合的特性。

7.1.2 组件的优势

组件具有如下优势。

（1）保持一致性。在界面设计中所有元素和结构需要保持一致，如文本和图标的设计样式，元素的位置等。

（2）反馈用户。用户操作页面后，通过页面元素的变化清晰地展现当前状态。通过界面按钮或交互动效让用户可以清晰地感知自己的操作。

（3）提高效率，减少成本。简洁、直观的操作流程，简单、直白的界面设计，便于用户快速识别，减轻记忆负担；界面中的语言清晰且表意明确，便于用户快速理解并做出决策。

7.1.3 基于组件的设计方法

基于组件的设计方法是指由元素、组件、构成和页面共同协作以创造出更有效的用户界面系统的一种设计方法。在使用该方法进行 App 产品设计时，需重点关注以下几个方面。

1．一致性

要基于品牌的元素，将字体、排版和颜色都定义好，并贯穿整个 App 产品设计项目中，保持组件的一致性，如图 7-2 所示。

图7-2

2. 布局

布局可以理解为图文排列的设计规范，包括图文之间的间距，构成组件的元素数量等，如图7-3所示。可以通过设计规范来帮助其他设计师快速进入项目工作中。

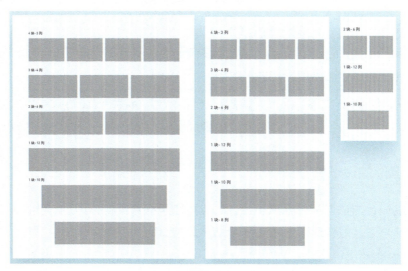

图7-3

3. 元素

元素指项目中重复使用的最小单位，如按钮、图标、输入框等，它的特点是最小、不可再切割。元素的设计形式，包括各种状态都需要设定好，如按钮悬停状态、点击状态等，设定好之后需要在整个项目中重复使用它们，如图7-4所示。

图7-4

4．组件

当设计App产品页面时，在页面上使用最多的就是组件，一个组件至少需要几个元素组成。图7-5所示的组件，就是由图片、文本、按钮等元素组成的。

图7-5

5．构成

构成由许多不同的组件组成，且定义了组件的使用方式。例如，在图7-6所示的界面中，它定义了组件之间的间距，以及标题和组件是如何被重复使用的。

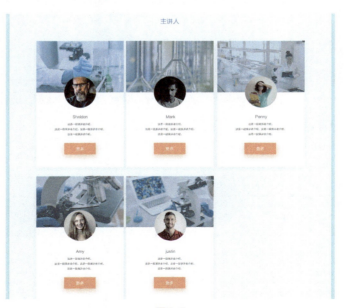

图7-6

6. 页面

每一个页面中都包含了组件和构成的排列组合，如图7-7所示。设计师在收到修改意见时，只需在页面这一层级做改动，元素、组件、构成都不做改变。例如，产品经理提出将聊天页面的背景色改为黑色，则只改聊天页面即可。

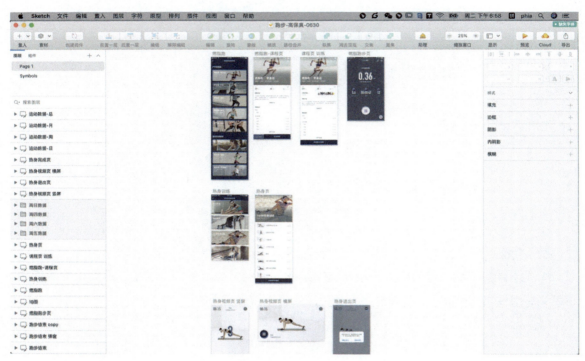

图7-7

下面通过一个案例，让读者理解如何应用基于组件的设计方法。要给3个不同的产品做展示图，并加上购买入口，每个产品的表现形式相同，都包含了一个购买按钮、一张图片和几段文本内容，这几个元素组合起来就构成了产品展示图组件，如图7-8所示。

图7-8

现在，需要在首页上以1行3列的布局来展示这3个产品，这就需要设计产品构成的规范，这个构成规范了产品之间的间距以及标题样式。该项目上线后，其中一个产品售罄，需要改变产品展示图的状态，这时只需更该产品展示图组件即可，非常方便，如图7-9所示。

图7-9

7.1.4 引入组件化的时间

引入组件化的时间分为两种情况。

一种情况是在产品设计开始前就建立组件化，一般依附于旧App产品，设计师从以前的项目组件库中直接套用并修改到新产品里，这样项目前期设计做起来会比较节约时间和成本。

另一种情况是产品成熟后，开始做组件化。组件化搭建一般分为以下几个步骤。

（1）整理目录：将线上产品的组件进行梳理并分组，形成一个目录。

（2）制定模板：以一个典型的组件为例，制定组件的内容规范，包括组件的定义、组件的类型、组件的标注、组件的交互规范和组件的极限情况等。

（3）设计规范：按照制定的模板，填充每个组件的内容，形成一套完整的设计规范。

（4）生成组件库：将设计规范里的组件样式单独抽取出来，形成组件库。

7.1.5 使用组件化的方法

当团队搭建完组件库以后，团队成员之间就可以使用组件了。在使用组件的过程中，当新需求来临时，根据应用场景选择合适的组件组合成对应的模板。根据实际产品，组件模板形成对应的产品页面。一个个产品页面形成页面操作流程，根据最终完成的产品页面操作流程形成用户体验，如图7-10所示。

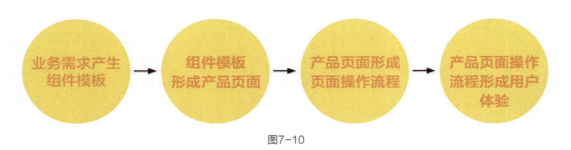

图7-10

7.2 导航

将App产品的信息架构分组归类并以导航的形式展现给用户，解决用户在访问时在哪里、去哪里、怎样去的问题。导航起着突出核心功能的作用，将最主要的功能排列在导航里，适度隐藏次要功能。导航将用户的任务路径扁平化，提供了进入不同信息模块的入口，可以让用户在不同模块之间快速切换且不会迷失方向。

7.2.1 底部标签式导航

底部标签式导航位于页面底部，属于一级导航，作用是清晰地告诉用户当前访问位置并且方便用户切换不同的模块。

底部标签式导航的优点是无论用户是单手还是双手都能轻松操作，从而实现各个功能模块之间的跳转；其缺点是由于尺寸的限制，标签的数量上限是5个，超过5个就要考虑产品的分组是否合理或者更换框架。

在图7-11所示的页面中，页面底部所排列的图标即为底部标签式导航，且最多放置5个标签图标。

图7-11

7.2.2 分段控制式导航

分段控制式导航通常用于同一模块中不同类别的信息，属于二级导航。其优点是扁平化地展现信息内容，同时提供进入不同类别信息的入口，用户可以快速地在同一模块下浏览不同类别的信息且不会迷失方向。其缺点有两个，一是分段控制式导航通常位于页面顶部，切换起来不方便，虽然iOS操作系统可通过左右滑动手势来切换导航，但很多用户不知道该操作方式；二是占用空间，导致页面能承载的内容区域变小。

在图7-12所示的页面中，搜索栏下方是分段控制式导航，单击导航标签可以切换不同类别的信息。

图7-12

7.2.3 列表式导航

列表式导航通常用于对某个模块的内容进行分类，并以列表的形式展现。列表的展现形式使内容结构更加清晰，便于用户理解，适用于大量的信息分类展现，如图7-13所示。

图7-13

列表式导航的优点是列表式的结构具有很强的延展性，可以不断地增加信息，而且信息格式一致，可调整性强。列表式的结构可以引入字母索引，并且方便进行分组。

列表式导航的缺点是列表所承载的信息种类比较单一，容易让用户觉得乏味，很难让用户长时间停留。如果信息量比较大，还需要加入搜索或索引功能，否则用户很难找到需要的信息。

7.2.4 抽屉式导航

抽屉的作用是收藏。抽屉式导航的作用是将除了核心功能以外的次要功能都收进抽屉里，使用户获得沉浸式的体验，让用户集中注意力去完成核心功能的操作。抽屉式导航适用于偏沉浸式阅读的App产品。

抽屉式导航的优点是最大限度地利用屏幕空间，用户可以将注意力放在页面上，减少其他类型的导航分散用户的注意力，给用户更沉浸式的操作感和阅读感。其缺点是抽屉式导航里的功能容易被用户遗忘，不利于整个产品页面流量的最大化。如果需要同时推广产品的多个功能，则不适合用抽屉式导航。

在图7-14所示的页面中，最美应用和腾讯QQ均采用抽屉式导航，在屏幕上从左到右滑动即可打开抽屉式导航。

图7-14

7.2.5 宫格式导航

宫格式导航的作用是将每个模块作为独立的入口放在页面上，用户进入一个入口后，只处理与此入口相关的内容。如果要跳转至其他内容，则需要回到主页面。

宫格式导航的优点是具有较强的延展性，可以无限扩展内容。它可以承载不同种类的内容，并且可以由不同团队独立开发，然后再聚合在一起。其缺点是由于宫格式的结构只是信息的入口，具体的信息隐藏在下一级界面中，用户无法第一时间看到信息。

在图7-15所示的页面中，页面上方摆放的图标即是宫格式导航，点击某一图标就可以进入相应的内容页面。

图7-15

7.2.6 卡片式导航

卡片式导航是宫格式导航的一种延展形式，是一种可视化导航，它能根据页面内容的变化及时更新图片，适合以图片为主的内容，在新闻、旅行、美食、视频类App产品中经常使用，通常作为二级导航。

卡片式导航的优点是信息可视化，让每个单独的内容的转发率相应提高。其缺点是当内容较多时，这种结构会降低用户寻找信息的效率。

在图7-16所示的页面中，

图7-16

页面中展示的一张张图片即是卡片式导航，点击某一图片就可以进入相应的内容页面。

7.2.7 下拉菜单式导航

下拉菜单式导航通常用于将同一模块的信息分类，或是快速启动某些常用功能。这种形式的导航多使用在浏览类App产品的二级导航中，如微博，用户在浏览微博时，下拉式菜单可以节省屏幕空间。下拉菜单式导航用一个可以展开的图标将标签集合在一起，为浏览类App产品提供更多展示内容的空间。

在图7-17所示的微博页面中，点击【关注】菜单，即可展开下拉菜单式导航。

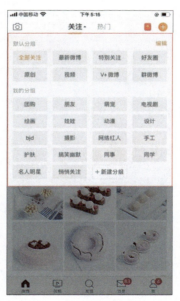

图7-17

7.3 引导

引导是指使用一些易于理解的方式让用户在初次使用产品或是遇到问题时，通过引导提示能够顺利完成操作。为了完成不同的引导内容和引导目的，移动端的引导设计会根据需求进行多样化的处理。在App产品设计中，常见的引导形式有嵌入式引导、幻灯片式引导和浮层式引导。

7.3.1 嵌入式引导

嵌入式引导是指为了让用户了解当前页面或者操作处于何种状态，直接将引导内容嵌入页面中，既保留了当前页面的内容，同时又增加了引导提示，如图7-18所示。嵌入式引导可以嵌入状态栏、导航栏、工具栏和主题内容中，比较常见的是嵌入主题内容中。

图7-18

7.3.2 幻灯片式引导

幻灯片式引导也称为引导页引导，一般出现在App产品首次启动的时候，内容通常是产品的宣传、解说或帮助等。在用户初次使用App产品时，通过引导页给予用户一些必要性的帮助，减少用户对产品的陌生感，让用户以愉悦的心情了解产品的功能和具体的操作方式，以便留住用户。

在设计引导页时，建议文案要清晰、易懂，突出重点。内容可以是图片、视频和插画的形式，且内容和文案一定要有关联性。引导页一般是2～5个，且提供可以直接跳过引导页的操作，不强制用户一定要全部浏览完。

在图7-19所示的页面中，通过插图和文字为产品做解说。

图7-19

7.3.3 浮层式引导

浮层式引导一般以文案结合浮层的形式，类似气泡样式出现在页面上。这种引导方式通常目的性比较强，提示用户新增功能或页面调整后该功能如何使用，或者提示用户某些重要功能或一些隐藏功能如何操作。浮层式引导一般采用文案加上带有指示箭头的气泡的设计形式，在页面上显示3秒左右会自动消失，对用户干扰较小。引导内容要尽量简洁、清晰，字数一般控制在20字以内。

在图7-20所示的页面中，其图7-20（a）为更新软件以后，通过浮层提示用户调整后的功能在哪里，图7-20（b）为通过带有指示性的气泡进行提示。

（a）

（b）

图7-20

7.4 加载

用户在客户端的页面中进行操作，客户端把指令发送到服务器，服务器对指令进行处理，并将数据返回给客户端，再显示给用户。这一过程称为加载。加载的方式有3种，分别是全屏加载、上拉/下拉加载和分布加载。

7.4.1 全屏加载

全屏加载一般用在内容比较单一的页面中，一次性加载完所有数据后再显示内容。

图7-21

全屏加载的优点是保证内容的整体性，全部加载完内容才能进行整体阅读。其缺点是加载速度比较缓慢，如果在网络信号不稳定的地方，将无法显示页面内容。

图7-21所示为登录Behance时的全屏加载效果。

7.4.2 上拉/下拉加载

上拉加载是指用户在浏览页面的过程中，通过上拉页面完成自动加载的过程，如图7-22所示。上拉加载方式适用于瀑布流、长列表和商品列表的模式。

上拉加载的优点是把用户带入无尽的浏览模式，让用户一直滑动页面。其缺点是没有尽头的加载，让用户不能快速定位到某个内容。

下拉加载是指当用户下拉页面时，会出现加载动画，对整个页面重新加载，如图7-23所示。现在的加载动画设计更具有情感化、人

图7-22

图7-23

性化和品牌化，使用户在等待的过程中不感到枯燥。

下拉加载的优点是方便用户刷新当前页面，其缺点是有些页面无法进行下拉刷新的操作。

7.4.3 分步加载

分步加载是指当页面中有文字和图片时，通常会先加载文字，图片在加载的过程中使用占位符，直到图片加载成功。当加载的页面内容有固定的框架时，先加载框架，让用户提前知道整个页面的架构，提高产品的体验感。分步加载方式多用于多图的页面或比较耗费流量的页面。

分布加载的优点是有助于用户快速了解整个页面的布局。其缺点是让初次使用App产品的用户误认为App产品出现了问题。

图7-24所示为网易云音乐的分步加载图示，页面中文字已经加载出来，但图片还在加载中。

图7-24

7.5 网络异常

用户在使用App产品的过程中，可能出现网络异常的情况。网络异常通常有3种情况，一种情况是网络切换，如由Wi-Fi网络环境切换到移动数据网络环境；另一种情况是断网；还有一种情况是网络信号弱，网络不稳定。针对这3种情况需要采用对应的设计形式告知用户。

（1）网络切换：警示框提示、界面内嵌提示。

（2）断网：整页提示、占位符、Toast提示、警示框提示、界面内嵌、Tips提示。

（3）网络信号弱，网络不稳定：整页提示、占位符、界面内嵌、Tips提示。

7.5.1 整页提示

用户在使用App产品的过程中，网络突然中断无法正常加载页面时给出的整页提示如图7-25所示。整页提示包含的元素有图标（icon）或插画，网络异常的文案，重新刷新网络的按钮等。在设计整页提示时，文案要尽量说明当前所发生的问题，并引导用户做出操作，所配的图片或者插画要符合当前场景。

图7-25

7.5.2 占位符

由于网络信号弱或者网络中断无法加载界面时，可以用事先预设好的图标或者占位符来代替文字和图片的位置，以此告知用户此处有内容，只是没有加载出来。另外，可以从占位符上看出界面的布局，如图7-26所示。

图7-26

7.5.3 警示框提示

警示框提示的作用是告知用户当前应用或网络的使用情况。例如，如果继续使用，会消耗大量的移动数据流量，用户需要点击警示框上的按钮才可以继续使用。

警示框提示包含的元素有标题、描述信息、输入框、按钮等。警示框的设计样式一般都是磨砂效果的圆角白框。

在图7-27所示的页面中，所弹出的警示框提醒用户此App产品想要连接到本地网络上的设备，用户需要点击"好"按钮才能继续使用。

7.5.4 界面内嵌提示

界面内嵌提示的作用是将需要消耗移动数据流量的提示内嵌到视频、直播界面中，告知用户如果继续使用将消耗大量的流量，如图7-28所示。界面内嵌提示的好处是减少干扰，让用户更专注地获取信息。在设计界面内嵌提示时，文案要尽量简洁、易懂，并且摆放在用户能一眼看到的位置上。

7.5.5 Toast 提示

当网络中断或是网络不稳定，用户点击页面进行操作时，出现Toast提示，告知用户现在网络异常。

图7-29所示为网络不稳定的情况下，用户想要点击操作，从而弹出的Toast提示。

图7-27

图7-28

图7-29

7.5.6 Tips 提示

Tips 提示通常出现在导航栏或搜索栏下方，通过 Tips 提示告知用户网络异常。Tips 的设计形式有3种：① Tips 提示一直存在；②Tips 提示出现1 ~ 2秒后隐藏，用户操作后会再次出现；③ 点击 Tips 提示会跳转到系统网络设置界面。

图7-30 所示为网络中断的情况下，在搜索框下方弹出的 Tips 提示。

图7-30

7.6 空数据类型

在设计App产品原型时，一般先设计主流程的页面，然后设计其他场景的页面，最后设计异常页面和空数据页面等。当用户使用App产品时，某些页面还未产生数据、信息，或者清空了当前页面的数据，需要有一个空数据类型的页面提示用户。空数据类型的页面有3种，分别是初始状态、清空状态和出错状态。

7.6.1 初始状态

初始化状态没有任何内容，需要用户操作以后才能产生内容。初始状态主要由插画、解说文案、操作入口按钮或可点击的文字组成。初始状态的设计通常是简单的插画配合简洁的文案，必要时给出按钮，引导用户操作。

图7-31所示为购物车为空、订单列表为空时所给出的提示，提示内容通过插画加上解说文案来告知用户。

图7-31

7.6.2 清空状态

通过删除或其他操作清空当前的页面内容，产生了空页面，这时候需要给出明确的提示，并告知用户该如何处理。清空状态设计和初始状态设计很相似，只是提示文案不同。

图7-32所示为清空了缓存文件后所给出的提示。

图7-32

7.6.3 出错状态

由于网络、服务器或者其他原因导致无法加载内容，产生了空页面，这时候需要给出明确的提示，告知用户该如何处理，如图7-33所示。如果用户操作后产生无结果页面，也可以给出类似的提示告知用户。

例如，网络异常时，页面加载不出来，出现空数据页面，给出文案提示和【点击重试】按钮。

图7-33

7.7 提示

本节要讲解的提示指消息提示，用户通过对页面的操作得到反馈消息或系统发送给用户消息，通过消息提示的形式告知用户，引导用户点击。消息提示一共有4类，分别是数字提示、红点提示、弹框提示和系统推送提示。下面将分别介绍这4类消息提示。

7.7.1 数字提示

数字提示的作用是通过数字让用户知道更新的信息数量，同时引导用户点击，从而达到给用户传递信息的目的，如图7-34所示。

图7-34

在以下应用场景中，可使用数字提示：

（1）在用户使用App产品的过程中提示用户新功能的数量；

（2）在用户使用App产品的过程中提示用户收到信息的数量；

（3）在用户打开App产品之前提示用户收到的信息数量。

7.7.2 红点提示

红点提示的作用是通过红点引导用户点击，从而达到给用户传递信息的目的，如图7-35所示。

图7-35

在以下应用场景中，可使用红点提示：

（1）App产品更新，想让用户知道并使用，通过使用红点提示用户点击；

（2）新消息的提示，通过红点让用户知道有新消息；

（3）想告知用户App产品的某些功能，通过红点提示用户点击。

7.7.3 弹框提示

弹框提示可以让用户知道一些重要的信息，同时通过弹框为其他业务提供一个入口，如图7-36所示。使用弹框提示通常是为了满足产品的运营需求，提供一个直接的入口，或者是重要功能、重要信息的入口，或者只是单纯地信息提示。例如，抢红包弹框提示，软件升级弹框提示等。

图7-36

7.7.4 系统推送提示

系统推送提示的前提是 iOS 操作系统和 Android 操作系统推送权限打开，通过系统推送让用户获取 App 产品想要传达的信息，属于强制提示。用户通过系统推送的消息进入 App 产品页面获取消息，提高产品的活跃度。系统推送提示的使用场景通常是有重要的信息，需要提示用户查看，或者是 App 产品运营活动提示，吸引用户去消费。

图7-37所示为微博、优酷等App开启系统推送权限后所推送信息的页面。

图7-37

7.8 操作

在App产品界面中，需要用户点击操作的组件统一归为操作类组件。本节将详细介绍这类组件的作用。

7.8.1 底部操作列表

底部操作列表是当用户触发一个操作时出现在底部的浮层，通过该浮层可以完成当前任务的操作。浮层的形式不会永久占用页面空间，如图7-38所示。底部操作列表通常包含两个或两个以上的按钮。

7.8.2 底部浮层视图

底部浮层视图主要展示与用户触发的操作直接相关的一系列选项，选项的功能大多是对当前页面的分享。例如，点击页面上的分享按钮后，出现底部浮层视图，其中包含【发送给朋友】、【分享到朋友圈】和【投诉】等按钮，如图7-39所示。

7.8.3 底部工具栏

底部工具栏是指在页面底部放置当前场景中最常用的操作功能。例如，在键盘被唤起、用户上下滑动界面或者当前视图变为竖屏的情况下，可以隐藏工具栏。工具栏的设计形式可以是文字、图片或者图标加上文字，操作功能建议不超过5个。

图7-40所示为iPhone手机的备忘录页面，页面下方的4个图标为底部工具栏。

图7-38

图7-39

图7-40

7.8.4 编辑菜单

编辑菜单的作用是用户通过长按或者点击能调出一个浮层，通过浮层可以完成诸如复制、转发、收藏和删除等一系列操作。编辑菜单的好处是不占用当前页面的空间，适合非高频的使用场景。

图7-41所示为微信的聊天页面，长按文字即可调出编辑菜单。

图7-41

7.8.5 按钮

按钮的作用是告知用户按下按钮后可以进行操作。按钮由文字或图标组成。按钮主要分为悬浮响应式按钮、浮动按钮和文字按钮3种类型。

悬浮响应式按钮代表一个应用中最重要的操作，如创建、共享、拍照等。悬浮响应式按钮通常是圆形并且浮在页面上。每个页面只能有一个悬浮式响应按钮，而且并非每个页面都需要该按钮。图7-42所示的页面中的相机图标即为悬浮响应式按钮。

浮动按钮通常采用方形，根据页面布局，固定在页面上，点击后带有效果。图7-43所示的页面中的【登录】和【注册】按钮即为浮动按钮。

文字按钮只有文字属性样式，没有边框。在设计时，其应与主题颜色保持一致。在图7-44所示的页面中，弹出的警示框中的【不允许】和【好】按钮即为文字按钮。

图7-42

图7-43

图7-44

7.8.6 选择器

选择器的作用是通过滑动滑轮来选择时间、日期、地点等信息。滑轮承载的信息量大，可以承载很多选项。选择器一般位于页面的底部，或者位于选项列表的下方，同一个滑轮间的选项属性相同。如果选择信息有误，可以通过来回滑动滑轮调整，非常方便。图7-45所示为日期选择器。

图7-45

7.8.7 下拉菜单

通过点击一个操作按钮弹出下拉菜单。下拉菜单通常由箭头和浮层列表组成。下拉菜单可以为其他功能提供一个快捷的入口。在图7-46所示的支付宝页面中，点击页面右上角的扩展按钮，则弹出下拉菜单。

图7-46

7.8.8 文本框

文本框用于输入单行或多行的文本。点击文本框后会出现光标，并自动显示键盘。文本框还可以用于其他操作，如文本的剪切、复制和粘贴。在图7-47所示的登录页面中，在文本框中点击会出现光标并且自动显示键盘。

7.9 单元控件

图7-47

组件是由多个元素组成的，而单个元素即为单元控件。常用的单元控件有开关控件、搜索框、图标、滑块和进度。

7.9.1 开关控件

开关控件只在列表中使用。在列表中使用开关控件的目的是让用户指定当前应用的状态是"开"还是"关"。在设计开关控件时，需要表现出"开"和"关"的两种状态。

在图7-48所示的iPhone手机的【蜂窝网络】界面中，蜂窝数据右侧的控件即为开关控件，当前的状态为"开"。

7.9.2 搜索框

用户通过搜索框输入关键词，搜到用户想要的信息。当App产品内包含大量的信息时，就需要用搜索框快速地定位特定的内容。一般带有放大镜图标的文本框即为搜索框，如图7-49所示的盒马App页面。

图7-48

图7-49

7.9.3 图标

图标是指界面中的图形元素。当点击图标时，能执行指定的功能操作。图标通常由图形或图形加上文字组成，并且图标要让用户能识别出其具有按钮的作用，并且图标的图形要与点击后展开的内容有所联系。图7-50所示为好好住App界面，该界面中的图标由图形和文字组成。

图7-50

7.9.4 滑块

滑块是指可以让用户在连续或者间断的区间内通过滑动锚点来选择一个合适数值的控件。区间内，通常最小值放在左边，最大值放在右边。在不要求精准并以主观感觉为主的设置中，如音量、亮度、色彩饱和度等设置中可以使用连续滑块。如果用户需要精准设定数值，可以使用带有可编辑数值功能的滑块，通过点击触缩略图或文本框来编辑数值。间断滑块可以在滑动条上平均分布标记，使用户在滑动锚点到标记上时能看到显而易见的效果。

在图7-51所示的编辑图片的界面中，拖动图片上的滑块即可调整对比度。

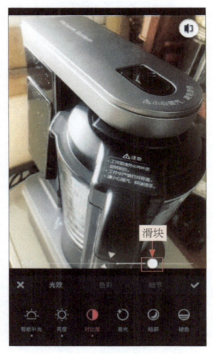

图7-51

7.9.5 进度

在刷新加载或者提交内容时，需要有一个表示时间的进度控件。进度控件通常有两种类型，一种是线形进度控件，也称为进度系；另一种是圆形进度控件。在做刷新操作时只能使用其中的一种表现形式。图7-52所示为网易云音乐的播放界面，在该界面中通过线形进度控件来告知用户音乐播放的进度。图7-53所示为退出Mac微信时，因为网络延时而弹出的圆形进度控件。

图7-52

图7-53

7.9.6 选框

用户可以通过选框来进行项目选择。选框有两种类型，一种是单选框，另一种是复选框。单选框只允许用户从一组选项中选择一个。复选框可以允许用户从一组选项中选择多个。在图7-54所示的【显示与亮度】界面中，【外观】选项组中的两个圆形控件即为单选框。而在图7-55所示的界面中，服务选项前面的方形控件即为复选框。

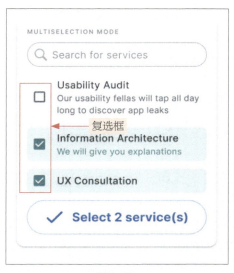

图7-54

图7-55

7.9.7 页面控件

　　页面控件用于告知用户当前共有几个视图，并且其中正在展示的视图处于所有视图中的哪一个。页面控件通常常用在轮播图上，并用圆点（或方点）表示，其中圆点（或方点）的个数代表视图的数量；从左到右，圆点（或方点）的顺序代表了视图打开的先后顺序。为了避免太多的圆点（或方点），建议其数量不超过8个，因为超过8个很难让用户一目了然。在图7-56所示的页面中，轮播图底部的方点即为页面控件。

页面控件

图7-56

7.10 App组件库应用案例

　　本节主要介绍在Sketch中制作App组件的方法。需要绘制的App组件分别为按钮、文本框、搜索框、分段控制式导航、开关、页面控制、滑块、进度条、单选框、复选框、下拉菜单和评分按钮。绘制组件所使用的软件技术并不复杂，通过图形工具绘制图形，再填上颜色就能完成大部分组件的制作，绘制组件的关键是保持组件的统一性和规范性。作品的完成效果如图7-57所示。下面将详细讲解各组件绘制的关键步骤。

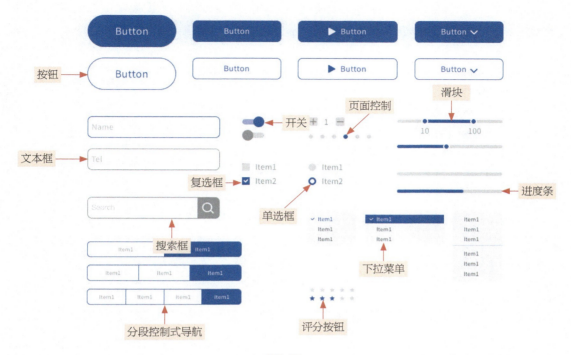

按钮

文本框

复选框

单选框

搜索框

分段控制式导航

开关

页面控制

滑块

进度条

下拉菜单

评分按钮

图7-57

1. 新建画板

（1）在Sketch中，执行【文件】→【新建】命令，然后单击界面左上角的【置入】按钮
 ，在弹出的下拉列表中选择【画板】，如图7-58所示。

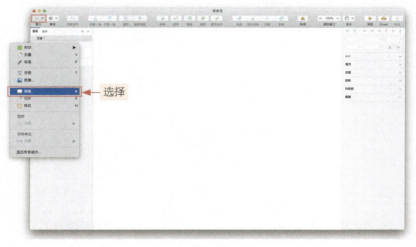

选择

图7-58

（2）在页面上按住鼠标左键从左上角向右下角拖曳绘制画布，设置画板的宽度为1000，高度为700，如图7-59所示。所有组件都将放置在该画板中。

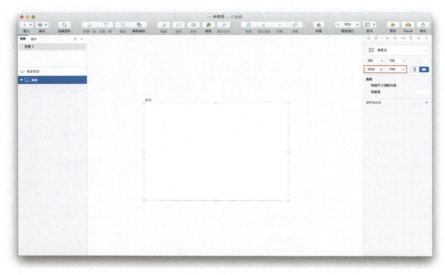

图7-59

2. 制作按钮组件

（1）单击【置入】按钮，选择【形状】→【圆角矩形】工具，在画板上绘制按钮，在右侧的属性栏中设置按钮的宽度为160，高度为60，半径为30，填充颜色为1C4FFF（蓝色）。选择【字符】工具，在圆角矩形的中心位置单击，插入文字光标，输入文字"Button"。设置文字颜色为白色。按【Esc】键退出文字编辑模式。框选圆角矩形和文字，依次单击【左右对齐】和【上下对齐】按钮，这样就完成了一个正常状态的按钮的制作。

（2）将制作好的按钮进行复制、粘贴，将圆角矩形的填充色修改为白色，描边颜色设置为1C4FFF（蓝色），文字颜色修改为1C4FFF（蓝色），这样就完成了一个单击状态的按钮的制作，如图7-60所示。

图7-60

（3）按照此方法绘制其他的按钮。完成后的效果如图7-61所示。

图7-61

3. 制作文本框和搜索框

（1）使用【圆角矩形】工具绘制一个圆角矩形，设置填充颜色为白色，描边颜色为蓝色，描边粗细为1。选择【字符】工具，单击圆角矩形后输入"Name"，设置文字大小为14，这样就完成了一个文本框的制作。将该文本框进行复制、粘贴，把描边颜色修改为灰色，文字修改为"Tel"，即完成了第二个文本框的制作。

（2）将第二个文本框进行复制、粘贴，把文字修改为"Search"。选择圆角矩形部分并进行复制、粘贴，然后将宽度修改为40，使其成为一个圆角正方形。双击圆角正方形进入图形锚点编辑模式，选择左边的上下两个锚点，设置半径（圆角）为0，并将圆角正方形的填充颜色设置为灰色，不使用描边效果。

（3）选择【椭圆形】工具，按住【Shift】键绘制一个圆形，设置描边颜色为白色，描边粗细为1，使用【直线】工具在圆形的正下方绘制一条垂直的竖线作为放大镜的手柄。框选放大镜图形，然后将该放大镜图形旋转45°，放在搜索框的圆角正方形上，至此完成搜索框的制作。完成后的效果如图7-62所示。

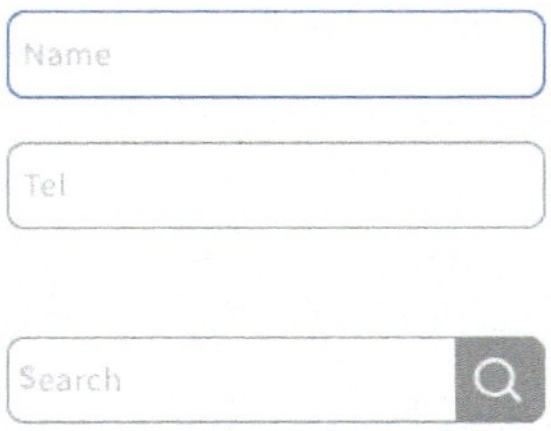

图7-62

4．制作分段式控制导航

（1）使用【矩形】工具绘制一个矩形，设置填充颜色为白色，描边颜色为蓝色，描边粗细为1。双击该矩形进入图形锚点编辑模式，选择左边的上下两个锚点，设置半径（圆角）为6。选择【字符】工具，单击该矩形的中心位置，输入"Item1"。同时选择该矩形和文字并进行复制，然后粘贴在其右侧。选择右侧的矩形，单击【左右径向】按钮 ，将填充颜色修改为蓝色，不使用描边效果，文字颜色修改为白色。这样有两个选项的分段式控制导航就制作好了，如图7-63所示。

图7-63

（2）根据上面的绘制方法分别制作有3个和4个选项的分段式控制导航。完成后的效果如图7-64所示。

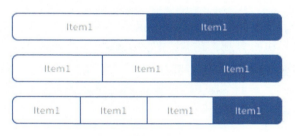

图7-64

5．制作开关、页面控制和评分按钮

（1）使用【圆角矩形】工具绘制一个扁长的圆角矩形，并填充浅蓝色，不使用描边效果。选择【椭圆形】工具，按住【Shift】键绘制一个圆形，将该圆形放在圆角矩形的右侧，即完成【开】按钮的制作。

（2）将【开】按钮进行复制、粘贴，得到【开】按钮副本。将该【开】按钮副本中的圆形的填充颜色修改为深灰色，圆角矩形的填充颜色修改为浅灰色，然后将圆形移到圆角矩形的左侧，即完成【关】按钮的制作。

（3）选择【圆角矩形】工具，按住【Shift】键绘制一个圆角正方形，设置半径（圆角）为2，填充颜色为浅灰色，不使用描边效果。使用【直线】工具绘制一条横线和一条竖线，组成"+"符号，放在圆角正方形中，即完成加页按钮的制作。

（4）使用【字符】工具输入数字"1"，放在加页按钮的右侧。在数字"1"的左侧制作一个减页按钮，即完成页面控制的一种形式的制作。

（5）选择【椭圆形】工具，按住【Shift】键绘制一个圆形，并填充浅灰色。选择绘制好的圆形，按住【Alt】键并向右侧拖曳完成复制的操作，如此再操作4次，得到6个圆点，然后将其中1个圆点的填充颜色改为蓝色，即完成页面控制的另一种形式的制作。

（6）使用【星形】工具绘制一个星形，并填充浅灰色。按照复制圆形的方法进行拖曳复制，得到5个星形。然后选择这5个星形并进行复制、粘贴，得到第2组星形，将其中的3个星形的填充颜色修改为蓝色，得到评分按钮。完成后的效果如图7-65所示。

图7-65

6．制作滑块和进度条

（1）使用【圆角矩形】工具绘制一个扁长的圆角矩形，并填充浅灰色。将该圆角矩形进行复制、粘贴，得到一个圆角矩形副本，将该圆角矩形副本的长度缩短，并填充蓝色。选择【椭圆形】工具，按住【Shift】键绘制一个圆形，设置填充色为蓝色，描边颜色为白色，描边粗细为2，然后将该圆形放在蓝色圆角矩形的左侧。再复制一个圆形，粘贴到蓝色圆角矩形的右侧。使用【字符】工具分别输入数字"10"和"100"，放在两个圆形的正下方，即完成滑块的一种设计形式，如图7-66所示。

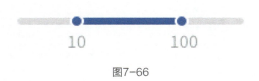

图7-66

（2）复制滑块并粘贴在画板的空白处，将蓝色的圆角矩形与浅灰色的圆角矩形左对齐，将圆形放在蓝色圆角矩形的右侧，剩下的1个圆形删除，即完成滑块的另一种设计形式。

（3）将这两个制作好的滑块复制，并粘贴在其下方，按照图7-67所示的效果，将多余的元素删除，即完成进度条的制作。

图7-67

7.制作复选框和单选框

（1）选择【矩形】工具，按住【Shift】键绘制一个正方形，并填充浅灰色。使用【字符】工具输入"Item1"，完成复选框未选中状态的制作。将该复选框复制、粘贴，得到复选框副本，将复选框副本中的正方形的填充颜色修改为蓝色，使用【矢量】工具在正方形内绘制一个对号，完成复选框选中状态的制作。

（2）选择【椭圆形】工具，按住【Shift】键绘制一个圆形，并填充浅灰色。使用【字符】工具输入"Item2"，完成单选框未选中状态的制作。将该单选框复制、粘贴，得到单选框副本，将单选框副本中的圆形的填充颜色修改为蓝色。再绘制一个稍小一点儿的圆形，并填充白色，将该白色圆形放置在蓝色圆形的中心，完成单选框选中状态的制作。完成的效果如图7-68所示。

图7-68

8.制作下拉菜单

（1）使用【圆角矩形】工具绘制一个圆角矩形，设置半径（圆角）为6，填充颜色为浅蓝色。使用【字符】工具在圆角矩形内输入"Item1"，设置文字颜色为蓝色。使用【矢量】工具在文字前绘制一个对号，设置描边颜色为蓝色。复制两次文字，按照图7-69（a）所示的效果摆放，完成第1组下拉菜单的制作。

（2）将制作好的下拉菜单复制、粘贴，得到第2组下拉菜单。然后将该组下拉菜单的圆角矩形拉宽，使用【矩形】工具在第1行文字的位置绘制一个矩形，且与圆角矩形等宽。将该矩形填充蓝色，文字和对号的颜色修改为白色，完成第2组下拉菜单的制作，如图7-69（b）所示。

（3）将第1组下拉菜单进行复制、粘贴，得到第3组下拉菜单的上半部分。双击该组下拉菜单的圆角矩形，进入图形锚点编辑模式，将下方的左右两个半径（圆角）修改为0。按住【Alt】键，将调整好的这组下拉菜单向下拖曳进行复制，得到第3组下拉菜单的下半部分。选择第3组下拉菜单图形，单击【上下径向】按钮，在图形的中间位置使用【直线】工具绘制一条水平直线，并设置填充颜色为蓝色，至此完成第3组下拉菜单的制作，效果如图7-69（c）所示。

图7-69

7.11 同步强化模拟题

一、单选题

1. 将需要消耗移动数据的提示内嵌到视频、直播界面中，告知用户如果继续使用将消耗大量流量，这是（　　）的作用。

A. 警示框提示

B. 界面内嵌提示

C. 空数据类型

D. Tips 提示

2. 轮播图中的页面控件最好不要超过（　　）个。

A. 4

B. 5

C. 8

D. 6

3. 组件化搭建的步骤是（　　）。

A. 整理目录、制定模板、设计规范、生成组件库

B. 设计规范、整理目录、制定模板、生成组件库

C. 整理目录、设计规范、制定模板、生成组件库

D. 设计规范、整理目录、生成组件库、制定模板

二、多选题

1. 根据使用场景，按钮的使用状态可以分为（　　）。

A. 禁用状态

B. 点击状态

C. 忙碌状态

D. 悬停状态

E. 默认状态

2. 组件的优势是（　　）。

A. 提高效率

B. 保持一致性

C. 反馈用户

D. 减少成本

3. 加载的方式有（　　）。

A. 全屏加载

B. 分步加载

C. 上拉/下拉加载

D. 滑动加载

三、判断题

1. 根据组件的用途，组件可以分为8类：导航、引导、加载、网络异常、空数据类型、提示、操作、单元控件。（　　）

2. 底部标签式导航属于一级导航，其标签的数量一般最多不超过4个。（　　）

3. 提示有4类，即数字提示、红点提示、弹框提示和系统推送提示。（　　）

作业：制作iPhone界面组件

根据本章所学的绘制组件的方法，绘制如下iPhone界面组件，也可以进行拓展，寻找更多的iPhone界面组件进行绘制练习。

核心知识点： 图形工具组、对齐、iOS界面设计规范等。

尺寸： 1000像素×800像素

颜色模式： RGB色彩模式。

分辨率： 72ppi

背景颜色： 自定义。

作业要求

（1）使用Sketch软件绘制，所有组件放在同一画板中。

（2）作业要符合尺寸、颜色模式和分辨率等要求，提交JPG格式文件。

第 **8** 章

微交互设计

随着App产品品质的提升，令人愉快的用户体验已不仅仅局限于能使用，它还需要引人入胜，而这正是微交互擅长的地方，它不仅能提升产品的品质，还能提升用户体验。本章主要讲解微交互的基础知识，以及如何使用Adobe XD软件实现微交互效果。通过本章的学习，读者可以掌握微交互效果的设计方法。

8.1 微交互的基础知识

微交互是App产品不可忽视的设计细节，它能提升产品的品质和用户体验，使产品在竞争中脱颖而出，并最终影响用户的行为。本节主要介绍微交互的概念和作用，使读者对微交互有一个初步的了解。

8.1.1 什么是微交互

微交互是指在某个使用场景中，通过用户界面所体现的"触发"和"反馈"两种高度相关的视觉变化。其中"触发"可以是用户行为，也可以是系统状态的变更；"反馈"是针对触发的回应。产品通过微交互来实现功能的细节，让App产品的用户体验得到极大的提升。

微交互由4个部分组成，分别是触发器、规则、反馈、循环与模式。

1. 触发器

任何微交互的第一步都是触发器，触发器启动微交互。例如，iPhone手机用户想使用手机的手电筒功能，那么由下向上滑动屏幕，在出现的快捷设置中的手电筒图标按钮就是触发器，如图8-1所示。

触发器有两种类型，一种是手动触发器，由用户手动触发。在App产品设计中，使用手动触发器的情况较多，故本书主要介绍手动触发器。另一种是系统触发器，由系统自动触发。例如网络断开或者程序错误时，系统会自动提示用户是否重新加载网络或者再次启动程序。

触发器由3部分组成，分别是控件、控件状态、文本或标签。在选择控件的时候，可以根据动作的个数来选择。例如，一个动作的触发器可以选择按钮或者手势来完成，两个动作的触发器可以选择开关按钮来完成。在图8-2（a）所示的界面中，为了表示蓝牙的开启和关

图8-1

闭两个动作，选择了开关控件。控件状态有默认状态、活动状态、悬停状态、翻转状态、点击状态、切换状态等类型。图8-2（a）所示为蓝牙的默认状态，图8-2（b）所示为蓝牙的切换状态。文本或标签则在触发器本身无法提供相应信息的情况下才使用。文本或标签可以作为微

交互的名称或状态指示器，用于表明状态或说明动作。例如，在图8-2（c）所示的界面的搜索框中有浅灰色文字，告知用户可以搜索的内容。

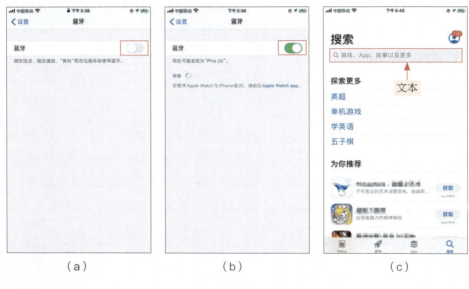

（a）　　　　　　　　　　（b）　　　　　　　　　　（c）

图8-2

在进行触发器视觉设计时，应遵循以下规则。

（1）必须让用户在使用情境下能轻易地识别出其是触发器。使用频率比较高的触发器更要引人注目。

（2）保证同一触发器每次的触发动作都相同。

（3）提前展示数据，反映交互包含的数据。例如，当点击下载按钮后，显示下载的进度，让用户有一个心理预期，下载完成后显示下载成功或下载失败。

（4）避免破坏视觉使用情境。简单理解就是如果触发器是按钮，在视觉设计时就应该让它像按钮一样有被按下去的视觉效果。

2. 规则

微交互启动后，会引发一系列行为，这需要一套规则来约束用户进行什么样的操作会获得什么样的反馈。微交互规则决定了微交互的使用方法。

（1）规则包含的内容。

规则包含的内容有：用户点击图标时会发生什么；交互期间用户可以进行什么操作；交互动作发生的顺序和时间；什么时候提供什么反馈；微交互处于什么模式；微交互是否可以重复

使用或者多久重复一次；微交互结束时会发生什么。

（2）设计规则的方式。

把能想到的规则先记录下来，整理成大体的框架，再绘制整个交互的流程图，梳理清楚用户操作的整个过程，按照操作的先后顺序在框架中增添操作细节。制定好设计规则后，最好能给其他人演示一遍，检查微交互的操作是否顺畅，是否需要继续完善等。

3. 反馈

用户能看到、听到或者感受到的都能帮助用户理解微交互规则。例如用户在手机上设置闹铃，根据设定的时间给用户听觉的反馈。

在使用微交互时，需要给用户的反馈有：用户刚刚做了什么，哪些过程已经开始，哪些过程已经结束，哪些过程正在进行中，用户不能做什么。

反馈应遵循的原则有：反馈的信息要一目了然，避免反馈信息给用户造成压力。反馈作为微交互的一种体现手段，在设计反馈信息时可以加入一些紧张或幽默的气氛，给产品增添趣味性，如图8-3（a）和图8-3（b）所示；在给用户反馈错误提示时，可以用带有情感的插图搭配幽默的语言，为用户增加愉悦性，如图8-3（c）所示。

（a）

（b）

（c）

图8-3

4．循环与模式

启动微交互以后，随着时间的推移，微交互接下来会有什么样的行为，交互状态是需要用户手动关闭才会结束，还是等一会儿自动退出，这就需要给微交互设定持续时间和交互行为模式。例如，手机的免打扰模式适合用户在休息时使用，静音模式适合用户在会议时使用。

循环是指不断重复的一段时间，通常用于设定持续时间。循环的核心是计时，即确定微交互的速度和持续时间。

模式在微交互中很少使用，使用模式的主要目的是执行一种不常用的动作。常见的模式就是"设置"，用户可以在"设置"中指定一些有关微交互的选项，如在"设置"中是否允许App产品开启系统通知。

8.1.2 微交互的作用

微交互可以展示用户访问位置和进度，辅助用户交互及呈现系统状态。

1．展示用户位置和进度

让用户知道自己在哪里是创建良好导航体验的关键，因此App产品中应该凸显当前的导航选项，帮助用户了解他们所在的访问位置，或者所执行操作的进度。在图8-4所示的界面中，均是利用导航栏展示用户当前所在的访问位置。

图8-4

2．辅助用户交互

用户在界面中操作时，需要借助交互过程中的即时视觉反馈来确定是否操作成功，所以即时的视觉反馈非常重要。即时的视觉反馈可以让用户在操作视觉上得到"认可"，强化"确认感"，避免用户因为没有感觉到操作成功而反复操作。

这种视觉反馈的设计最常见的是按钮的微交互动画，通过单击按钮，让按钮有按下并弹起的视觉感，告知用户系统已经捕捉到了单击的操作。

3．呈现系统状态

当系统正在加载、正在执行或正在运行的过程中，通过动效来告知用户系统并没有停止，而是忙于执行其他任务，避免用户产生误解。在用户等待的过程中，通常会使用无限加载的动效。如果超过10秒的等待，则会使用进度条来表示等待时间。这些视觉反馈在很大程度上降低了系统给用户的不确定感。

8.2　Adobe XD的使用方法

Adobe XD是一款轻量的矢量绘图和原型设计软件，它功能齐全、操作简单，可以制作流程图、线框图、高保真原型图和动画等，并且可以配合Photoshop和Illustrator来使用。本节主要讲解Adobe XD的使用方法，并通过制作高保真原型图帮助读者熟练掌握该软件的功能和使用方法。

8.2.1　Adobe XD 的工作界面

扫码看视频

当启动Adobe XD时，欢迎页面中将提供不同屏幕尺寸的文档模板，用户也可以自定义文档尺寸，如图8-5所示。如果是第一次登录该软件，在欢迎页面下方会显示【转到"学习"】按钮，单击该按钮，可以访问其他学习资源。

图8-5

单击选择好合适的页面尺寸后，即可进入 Adobe XD 操作界面，如图8-6所示。

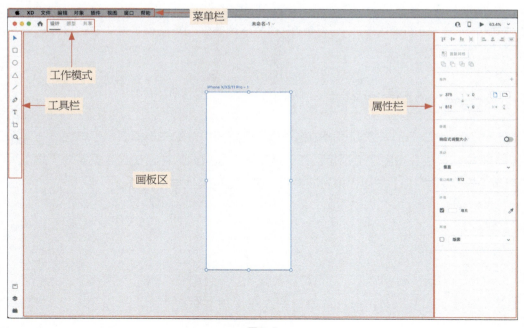

图8-6

Adobe XD的操作界面主要由菜单栏、工具栏、属性栏和画板区等组成。其中，菜单栏由文件、编辑、对象、插件、视图、窗口和帮助等命令组成。菜单栏的使用频率比较低，因为工具栏和属性栏基本就能满足所有操作需求。

在Adobe XD中，常用的是设计和原型两种工作模式。App产品的界面设计都是在设计模式下进行的，只有当需要使用交互功能时，才切换到原型模式。

在工具栏中，从上至下依次是选择、矩形、椭圆、多边形、直线、钢笔、文本、画板、缩放等工具，利用这几个工具几乎就可以完成界面原型的设计。

可以通过按【Ctrl】+【+】或【Ctrl】+【-】组合键来放大或缩小画板，并且可以在该区域中建立多个画板。当选择某一工具在画板中绘制图形后，如选择矩形工具在画板中绘制一个矩形后，可以通过属性栏调整该矩形的属性，如位置、旋转、填充和描边等。

在工具栏的下方，是资源、图层和插件按钮，分别单击这3个按钮，可以展开资源列表（存放常用的颜色、字符样式、常用组件等资源）、图层列表（分图层管理设计元素）和插件列表（管理安装的第三方插件），如图8-7所示。

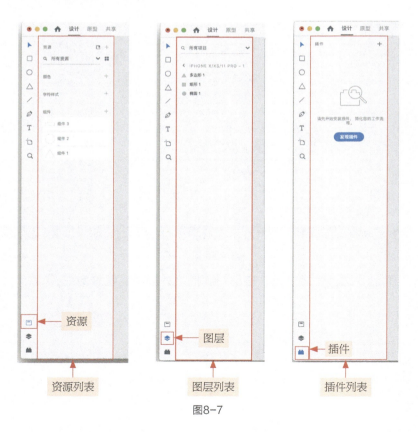

图8-7

8.2.2 Adobe XD 的基本操作

扫码看视频

在Adobe XD的操作界面中，用户可以进行新建（或删除）画板、绘制图形、使用资源和蒙版、导入图片、设置文本和颜色、使用栅格系统及导出文件等基本操作。

1. 画板的新建和删除

启动Adobe XD，在欢迎页面中选择新文档类型。单击文档类型右侧的下拉按钮，在展开的尺寸列表中选择所需要的尺寸，如图8-8所示，即可创建一个画板。

图8-8

进入操作界面后，选择画板工具，在已有画板之外的灰色区域单击，可以添加一个新画板，如图8-9所示。

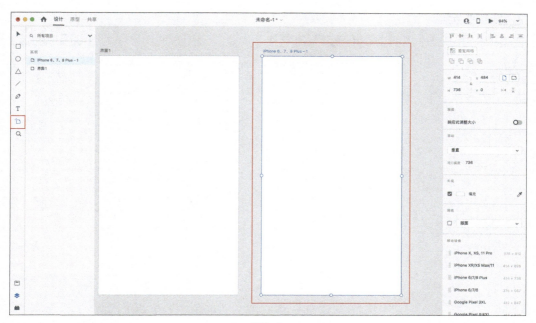

图8-9

在画板上单击鼠标右键，在弹出的快捷菜单中选择【删除】命令，可以删除画板，如图8-10所示。

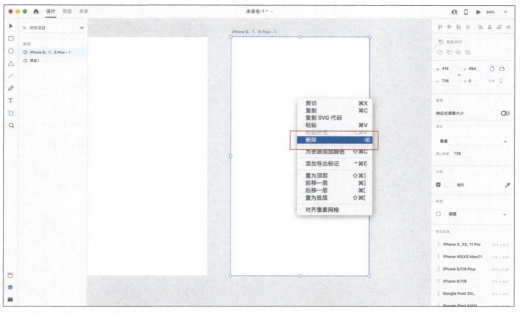

图8-10

2．图形的绘制

在菜单栏中选择【视图】→【显示方形网格】命令，调用方形网格作为绘制图形的辅助线。

选择矩形工具 □ ，在画板上沿着方形网格绘制一个矩形，如图8-11所示。

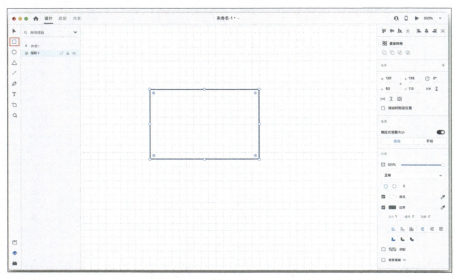

图8-11

在右侧的属性栏中单击【所有圆角的半径相同】按钮 □ ，输入半径数值，如"20"，将直角矩形变为圆角矩形，如图8-12所示。

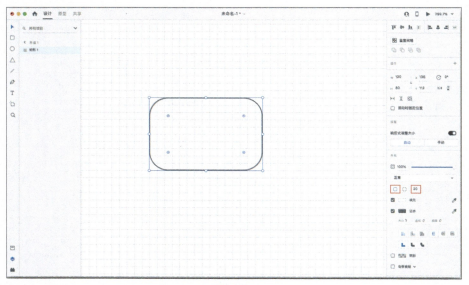

图8-12

在工具栏中选择多边形工具 △ ，在圆角矩形的下方绘制一个三角形，如图8-13（a）所示。确保三角形处于选中状态，在属性栏中单击【垂直翻转】按钮 ，得到图8-13（b）所示的效果。使用选择工具 ▶ 框选两个图形，在属性栏中单击【添加】按钮 ，将两个图形合并，如图8-13（c）所示。

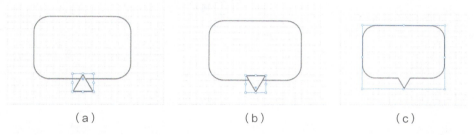

图8-13

选择椭圆工具 ○ ，按住【Shift】键的同时绘制一个圆形。绘制完成后，保持圆形的选中状态，以按住【Alt】键拖曳圆形的方式复制一个圆形。按照此方法再复制1次，然后使3个圆形与圆角矩形居中对齐，再单击【减去】按钮 ，对圆形所在的位置进行挖空，效果如图8-14（a）所示。

确保最终绘制好的图形处于选中状态，在属性栏的【大小】数值框中输入数值，如"4"，设置描边的粗细，效果如图8-14（b）所示。

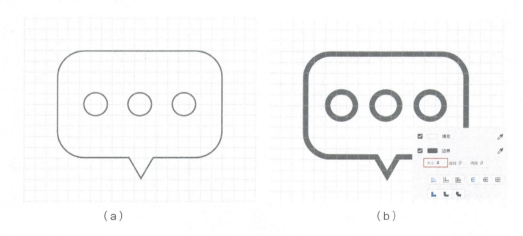

图8-14

单击【边界】按钮，在弹出的颜色面板中可以设置描边颜色。单击【+】按钮可以保存颜色，如图8-15所示。

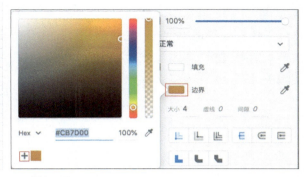

图8-15

如果想删除描边效果，将【边界】复选框的勾选去掉即可。

单击【填充】按钮，在弹出的颜色面板中可以设置填充颜色，填充效果如图8-16所示。

图8-16

单击【阴影】按钮，在弹出的颜色面板中可以设置阴影（投影）的颜色和不透明度。在【X】数值框中输入数值，可以调整阴影在X轴上的大小；在【Y】数值框中输入数值，可以调整阴影在Y轴上的大小；在【B】数值框中输入数值，可以调整透明的模糊程度，如图8-17所示。

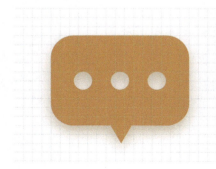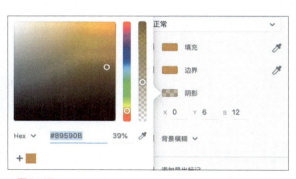

图8-17

3. 资源列表的使用

在Adobe XD中，可以将颜色、字符样式和组件存储到资源列表中进行复用，避免重复操作，进而提高工作效率。单击工具栏下方的【资源】按钮 ▭ ，打开资源列表。如果要保存图形，则单击组件旁的【＋】按钮即可，如图8-18所示。

图8-18

如果要使用保存后的图形，直接从组件列表里将该图形拖曳至画板中即可，如图8-19所示。

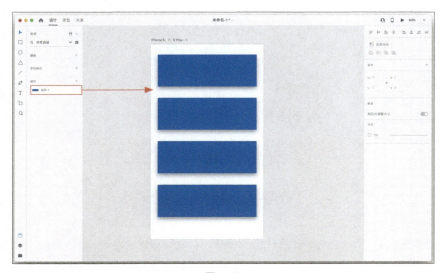

图8-19

4．蒙版的使用

选择椭圆工具并按住【Shift】键绘制一个圆形，将任意一张图片拖曳到圆形中，即可将图片的多余部分遮挡，如图8-20所示。这个圆形就相当于图片的蒙版。

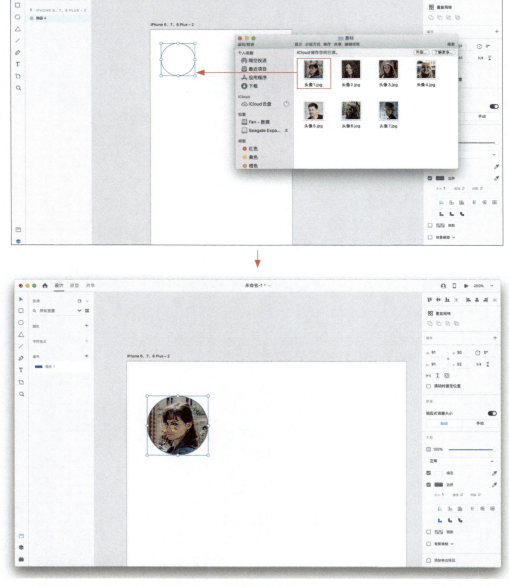

图8-20

5．多图片的导入

选择绘制好的图形，在属性栏上单击【重复网格】按钮⊞⊞，当图形周围出现虚线辅助框时，水平或垂直拖曳图形即可复制多个图形，如图8-21所示。

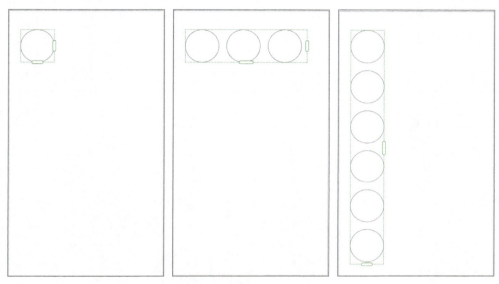

图8-21

选中任意多张图片拖曳至图形框中，即可将多张图片导入到界面中，如图8-22所示。

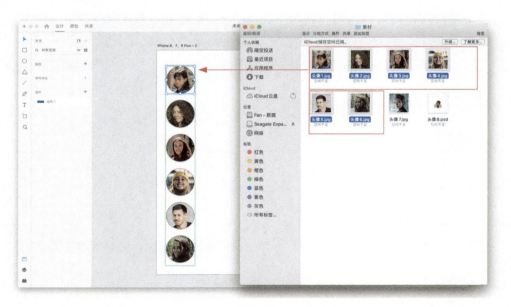

图8-22

6. 从Photoshop中导入元素

可以直接将Photoshop中的元素拖曳到Adobe XD中继续使用。如果在Photoshop中绘制的是矢量图形，那么拖曳到Adobe XD中也是矢量图形，不会改变图形的属性，如图8-23所示。

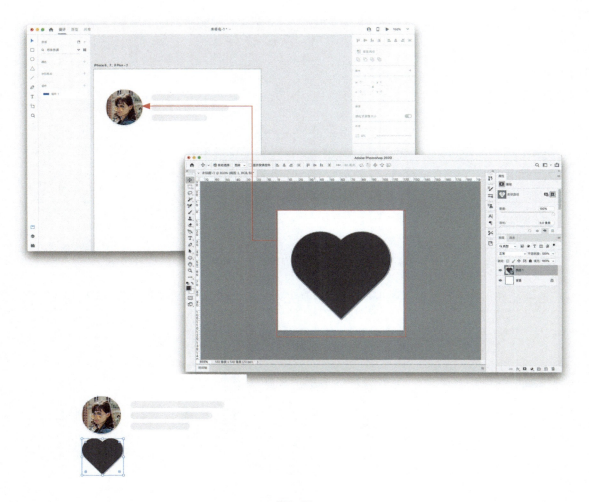

图8-23

7. 从Illustrator中导入元素

在Illustrator中绘制的元素，可以直接复制，然后粘贴到Adobe XD中，如图8-24所示。

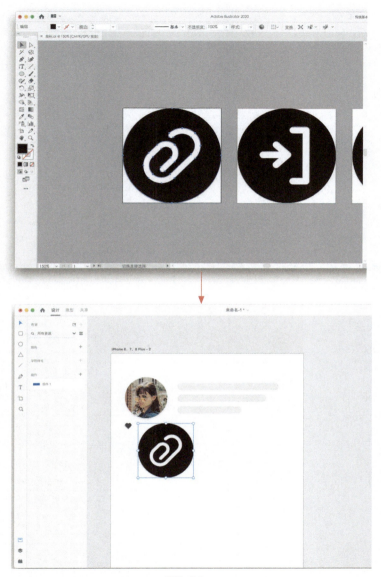

图8-24

8. 图层的使用

如果要调整界面中某图形的叠放顺序，可以在图形上单击鼠标右键，在弹出的右键快捷菜单中通过选择【置为顶层】、【前移一层】、【后移一层】或【置为底层】命令来调整图形的叠放顺序。也可以单击工具栏中的【图层】按钮 ≋ ，在展开的图层列表中通过拖曳图形到所需的排列位置来调整图形的叠放顺序，如图8-25所示。

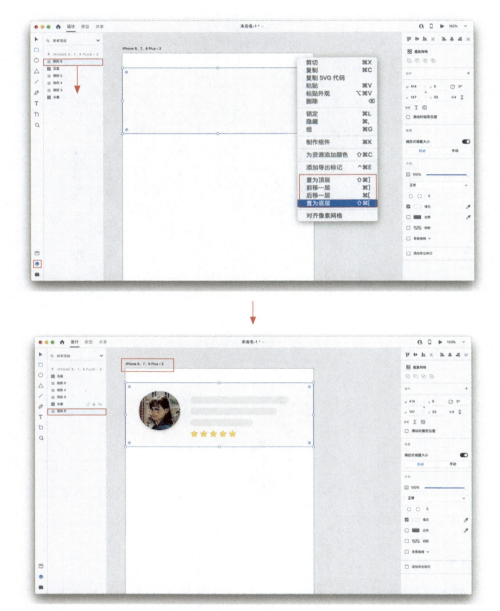

图8-25

9. 文本的设置

选择文本工具 T ，单击画板的空白处，即可开始输入文本，在右侧的属性栏中可以设置文本的字体和字号，如图8-26所示。如果输入的是段落文本，则使用文本工具拖曳出一个文本框即可。

图8-26

10.栅格系统和网格系统的使用

单击画板名称，即可选中该画板，在右侧的属性栏中选中【版面】选项，即栅格系统，便于界面布局，如图8-27所示。移动端App产品界面的栅格系统一般设置为4列或6列，可以在【间隔宽度】数值框中输入数值，调整列与列之间的间隔。

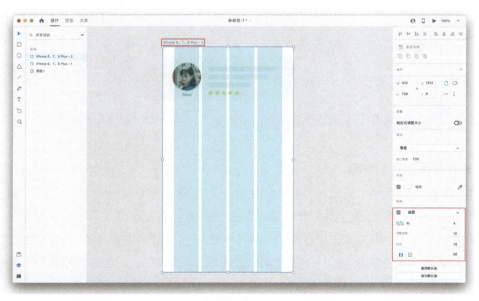

图8-27

在绘制图形或做精细对齐时，可以使用网格系统。单击画板名称，即可选中该画板，在右侧的属性栏中选中【方形】复选框，即网格系统，在【方形大小】数值框中输入数值，可以调整网格的大小，如图8-28所示。

图8-28

8.2.3 制作高保真原型图

下面通过一个制作高保真原型图的案例，帮助读者掌握Adobe XD软件的使用方法。

扫码看视频

1. 制作室外跑功能界面

启动Adobe XD软件，新建尺寸为414像素×736像素（iPhone6、7、8 Plus）的界面。单击画板名称，在右侧的属性栏中设置填充色为深紫色，将图标拖入界面中，按照图8-29所示的效果摆放图标。使用文本工具在当前界面中单击并输入文字内容"20 ～ 37℃空气优"。单击【资源】按钮，展开资源列表，单击字符样式旁的【＋】按钮，将当前文字的样式复用。

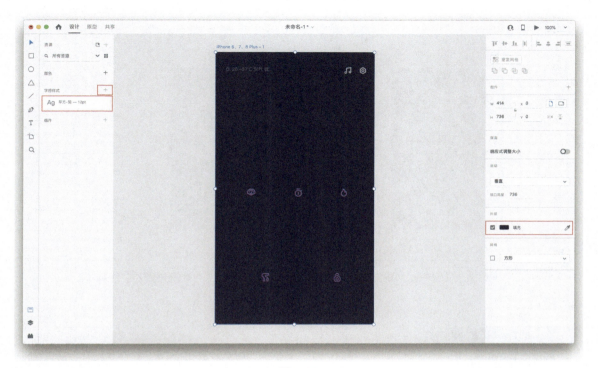

图8-29

按照图8-30所示的效果输入文字内容并放置在合适的位置。单击字符样式中的【苹方－简－12pt】，应用文字样式，其中"室外跑"的填充色设置为白色。选中文本工具，单击界面的空白处，输入数字，并设置文字属性，其中为"8.3"添加字符样式，然后将该字符样式复用在其他数字上。

选中椭圆工具，按住【Shift】键的同时绘制一个圆形。为该圆形填充紫红色，并放置在"GO"的下方。再使用椭圆工具分别绘制两个小圆形，分别放置在"GO"两旁图标的下方，为两个小圆形填充偏灰的深紫色。使用矩形工具绘制一个翻页图标。

2．制作读秒界面

选择画板工具，分别单击页面空白处3次，新建3个空白画板，分别给3个空白画板填充深灰色，并使用文本工具分别输入"3""2""1"，如图8-31所示。

图8-30

图8-31

3. 制作跑步界面

单击画板名称"iPhone6、7、8 Plus-1"，选中该画板，按【Ctrl】+【C】组合键复制画板，再按【Ctrl】+【V】组合键粘贴画板，效果如图8-32所示。

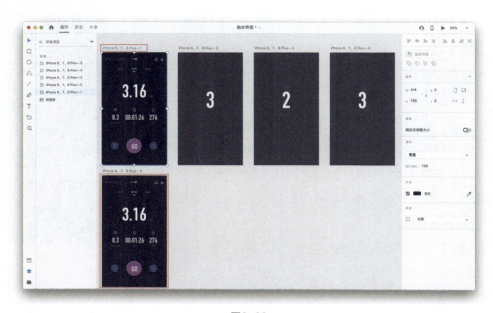

图8-32

将复制得到的界面中的一部分元素删除并修改数字，将GO图标改为暂停图标，使用矩形工具在界面的左上角绘制一个GPS图标，将界面的背景色修改为深灰色，效果如图8-33所示。

至此，跑步App的高保真界面就制作好了。

图8-33

8.3 创建可交互式原型

高保真原型图制作好以后，接下来就可以通过Adobe XD的原型模式制作可交互式的原型效果了。

8.3.1 制作页面跳转交互效果

通过在页面之间建立联系的方式，可以制作页面之间的交互效果。

单击【原型】选项卡，进入交互设置界面。当选中GO图标时，会在其旁边出现箭头，将箭头拖曳到跳转界面，即可为两个页面建立联系。按照同样的方法，链接好其他页面，如图8-34所示。

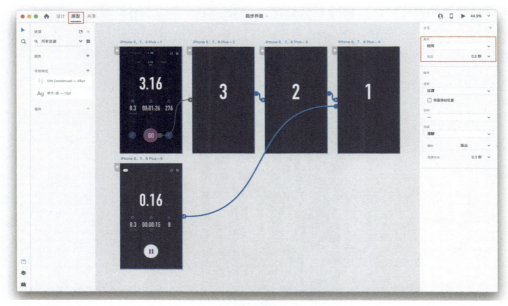

图8-34

链接好页面以后，选中读秒界面中的"3""2""1"界面，在属性栏中设置【触发】为【时间】，【延迟】为【0.2秒】。

选中第1个界面，单击右上角的【桌面预览】按钮，即可观看交互效果，如图8-35所示。单击GO图标，跳转到读秒界面，3、2、1读完以后，则进入跑步界面。

图8-35

扫码看视频

8.3.2 制作轮播图交互效果

下面通过一个轮播图制作案例，帮助读者掌握自动播放的交互效果的制作方法。

在Adobe XD软件中，新建一个尺寸为728像素×278像素的页面。打开存放素材的文件夹，将任意一张图片拖入页面中，使用矩形工具在图片的右下角绘制一个轮播按钮，在属性栏中单击【所有的圆角半径相同】按钮，设置圆角半径为10，并填充白色。按住【Alt】键拖曳绘制好的按钮进行复制，并降低其不透明度为50%。然后再将该按钮复制一个，按钮之间间隔4像素，效果如图8-36所示。

图8-36

单击画板的名称，按【Ctrl】+【C】组合键复制，按【Ctrl】+【V】组合键粘贴，然后将另一张图片（任意图片）拖曳至复制得到的画板中并替换原有图片。再将轮播按钮组中的第1个按钮和第2个按钮互换，效果如图8-37所示。

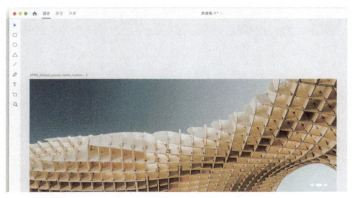

图8-37

按照上一步的方法制作第3个页面，并将轮播按钮组中的第2个按钮和第3个按钮互换，效果如图8-38所示。

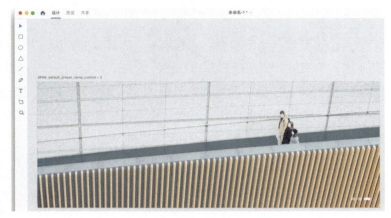

图8-38

单击【原型】选项卡，进入交互设置界面，单击画板1的名称，将出现的箭头拖曳至画板2；选中画板2的名称，将出现的箭头拖曳至画板3；选中画板3的名称，将出现的箭头拖曳至画板1，如此形成一个循环交互，如图8-39所示。

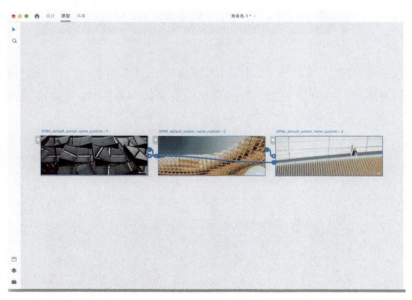

图8-39

单击画板名称，在属性栏中设置交互效果，设置【触发】为【时间】，【延迟】为【2秒】，【类型】为【过渡】，【动画】为【左滑】，如图8-40所示。

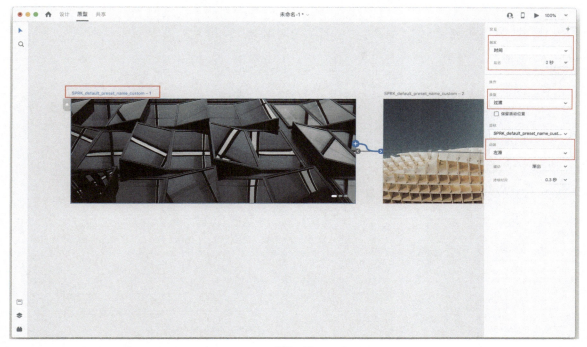

图8-40

按照此方法设置其他两个页面的交互效果。然后选中第1个页面，单击界面右上角的【桌面预览】按钮，观看交互效果，如图8-41所示。

图8-41

8.4 同步强化模拟题

一、单选题

1. 循环的核心是（　　），即确定微交互的速度和持续时间。

A. 速度   B. 计时

C. 位置   D. 状态

2. 微交互中的"反馈"是指（　　）。

A. 用户行为   B. 系统状态的变更

C. 针对触发的回应   D. 触发

3. 在微交互中，常见的模式是（　　）。

A. 设置   B. 加载

C. 静音   D. 免打扰

二、多选题

1. 微交互由（　　）组成。

A. 触发器   B. 规则

C. 循环与模式   D. 反馈

2. 手动触发器由（　　）组成。

A. 加载   B. 控件状态

C. 文本或图示标签   D. 控件

3. 在使用微交互时，需要给用户的反馈有（　　）。

A. 哪些过程已经结束   B. 哪些过程正在进行中

C. 用户不能做什么   D. 哪些过程已经开始

E. 用户刚刚做了什么

三、判断题

1. 微交互是指在某个使用场景中，通过用户界面所体现的"触发"和"反馈"两种高度相关的视觉变化。（　　）

2. 微交互可以展示用户位置和进度、辅助用户交互和呈现系统状态。（　　）

3. 同一触发器要保证每次的触发动作都不相同。（　　）

作业：制作好好住App的界面原型图和微交互效果

下载好好住App，从首页上单击整屋案例图标，进入下一页面，在该页面中选择一个装修案例，进入内容页，通过单击分享按钮分享文章，将这一系列的操作中所涉及的界面都临摹下来，并用Adobe XD软件制作页面间的跳转交互效果。

核心知识点：原型图制作规范、页面跳转设置方法。

尺寸：414像素×736像素。

颜色模式：RGB。

分辨率：72ppi。

背景颜色：自定义。

作业要求

（1）使用Adobe XD软件制作中保真原型图，根据单击按钮后跳转页面的逻辑关系制作微交互效果。

（2）作业需要符合尺寸、颜色模式和分辨率等要求。

第 **9** 章

运动类App产品设计
全流程

通过前面章节的学习，读者对App产品设计应该较为全面了解了。本章通过一个运动类App产品——Keep Running的设计案例，将本书中所介绍的App产品设计的相关知识点串联起来，全流程展示App产品设计的思路和方法。

本案例主要分为4个部分：第1部分是对案例的总体分析和要点梳理；第2部分是设计之前的准备工作，包括用户研究、竞品分析、产品定位等；第3部分是原型设计，先绘制Keep Running的线框图（手绘图），然后绘制Keep Running的原型图（计算机绘制图），最后为Keep Running的原型图实现交互跳转功能；第4部分是界面设计，包括首页界面、热身界面、燃脂跑界面的设计，并配以对应的教学视频讲解界面设计的全过程。

9.1 案例说明

设计主题： 运动类 App 产品设计。

设计背景： 随着健康意识的不断提升，用户对运动类 App 的关注度也不断提升。同时，运动类 App 结合手机、运动手环等移动设备中的运动数据传感器，已经能对用户的运动数据进行准确的收集，并提出相应的合理化建议。本案例将基于运动用户的需求制作一款运动类 App，设计风格如图9-1所示。

图9-1

设计内容： 首页界面、热身界面、燃脂跑界面。

尺寸： 375 像素 × 667 像素。

颜色： RGB 色彩模式。

分辨率： 72ppi。

应用软件： Sketch。

9.2 设计准备

在明确设计方向之后，应做好设计准备工作。

设计准备工作包括：用户研究、头脑风暴和产品规划、竞品分析、绘制思维导图、产品定位等，主要目的是分析产品与用户之间的联系，确定设计方向和设计流程，如图9-2所示。本案例重点讲解首页界面、热身界面、燃脂跑界面的交互及视觉设计要点。

图9-2

9.2.1 用户研究

运动原本是一种个性化特征鲜明的行为，但随着智能手机应用的普及和各种运动类App的兴起，运动和社交有了越来越多的连接，并在一定程度上激励了用户的运动需求。运动已成为当下中青年用户重要的一种生活方式，用户可以在社交类App或运动类App中分享运动经验、运动照片，完成运动类App中的打卡任务；用户会关注自己在微信等App中的运动排行名次，给熟悉的好友点赞。由此可见，运动类App或其他App的运动相关功能对用户的运动行为有明显的影响。以下是通过问卷调查的方法，针对使用运动类App的人群进行研究的结果。

问卷发放数量：1000份。

问卷回收数量：921份。

有效问卷数量：892份。

问卷针对城市：北京、上海、深圳。

有效问卷中男女用户情况：男性用户为490人，女性用户为402人。

有效问卷中职业分布情况：学生为413人，企业员工为216人，自由职业者为136人，其他127人。

各运动类App（或包含运动功能的App）受欢迎程度排序（由高到低）：微信运动、Keep、小米运动、悦跑圈、咕咚。

对运动类App的功能需求排序（由高到低）：记步、运动排行、热量计算、体重记录、运动计划、课程。

对运动目标的排序：减肥（减脂）、塑形、增肌。

使用运动类App的原因排序（由高到低）：社交互动、自我能力提升、App的辅助运动功能、娱乐。

运动类App打开率职业分析：企业员工、学生、自由职业者、其他。

对运动安全常识的熟知度：36人专业，312人了解，544人不太了解。

由以上研究数据可分析出：

✓ 学生和企业员工是运动类App的主要用户。该类用户会频繁使用各种移动端App，对交互体验和视觉设计的要求较高；

✓ 用户关注自身运动数据以及数据的社交属性；

✓ 用户普遍缺少运动安全常识，若能通过App进行有效补充，对用户很有意义；

✓ 减肥、减脂的用户需求最为强烈。

根据以上分析，创建对应的用户画像，如图9-3 ～图9-5所示。

用户信息

王小磊，20岁，高校学生，喜欢打羽毛球、跑步，喜欢一切美好的事物，运动要有仪式感。

使用场景

跑步时用Keep记录数据。

痛点与愿景

王小磊过年期间胖了10斤，一心想减肥但是没有资金预算，于是通过Keep的跑步记录功能鞭策自己每天坚持跑步。进入学校操场开始记录，跑到一公里时感到吃力，此时Keep喊道"你已经完成了一公里的跑步，继续努力吧"，王小磊受到激励后继续坚持跑步。跑步结束后，Keep会推送多项跑步数据，如公里数、消耗热量、跑步时间等，这些交互体验让王小磊对跑步减肥充满了信心。

图9-3

用户信息

李小梅，28岁，某互联网公司程序员，工作强度较大，喜欢美食。

使用场景

利用碎片时间做运动。

痛点与愿景

李小梅经常因为赶项目进度而加班，属于缺乏运动的"久坐一族"。虽然收入水平不低，也尝试报了健身班，但因为无法坚持去上课，久而久之就荒废了。年近30岁的李小梅看到自己的肚子上的肉越来越多，决心无论多忙，也要抽出时间适当运动，于是下载了咕咚App。在咕咚App的运动圈中看别人的运动小视频学习简单的运动技巧，在下班后，尝试在家中录制并发布自己的运动小视频。经过一段时间的尝试后，李小梅逐渐养成了运动习惯，并在运动圈中认识了很多朋友。

图9-4

用户信息

李六，35岁，中学美术老师，工作、生活的节奏较为舒缓，喜欢画画、逛淘宝，注重个人形象。

使用场景

购买专业的运动装备。

痛点与愿景

李六热爱生活，喜欢艺术，业余时间喜欢去健身房运动，看到很多朋友使用运动类App产品发朋友圈，出于好奇，也下载了咕咚App。在好货频道看到很多中意的运动装备，并尝试购买。购买几次后觉得商品的品质确实不错，判定该App值得信赖。看到App会员能享受购买优惠的信息后，还办了咕咚App的会员。

图9-5

9.2.2 竞品分析

明确了目标用户的需求后，接下来对市场上的同类产品进行对比分析，从而找到新的突破口。在本案例中，将采用比较法、探索需求法对Keep、悦动图、咕咚3款运动类App进行竞品分析。

1. 使用比较法分析竞品的优势和劣势

通过比较法[①]，对3款App的功能进行整体梳理，如表9-1所示，从而分析出竞品的优势和劣势。

表9-1

功能列表	Keep	悦动圈	咕咚
圈子	√	√	√
计划	√	√	√
录播课	√	×	√
直播课	√	×	√
商城	√	√	√
会员	√	√	√

① 比较法是通过观察、分析，找出研究对象的相同点和不同点。

续表

功能列表	Keep	悦动圈	咕咚
跑步	√	√	√
徒步	√	√	√
瑜伽	√	×	×
冥想	√	×	×
滑雪	×	×	√
骑行	√	√	√
热身	×	×	×
同城	√	√	√
发布小视频	√	√	√
动态	√	√	√
赛事	×	√	×
社群	√	√	√
分享	√	√	√

结论： 3款App都非常重视社交功能，如社群、分享、圈子、动态等。

在运动项目及功能方面，3款App各有侧重，Keep除了跑步、瑜伽等常规运动项目，还有单车、跑步机、健走机等特色运动项目；咕咚有滑冰、滑雪、游泳、登山等更为丰富的运动场景；悦动圈则提供了多项与运动相关的智能检测功能，如手指检测、心率检测等。

在运动安全方面，3款App虽然都有运动安全方面的知识讲解，但是缺少在开启一项运动前的热身准备的引导。（Keep Running会把热身作为一个重要的功能设计在App中，在没有专业人士指导的情况下，在App中设定此项功能能够起到保护用户安全运动的作用。）

2. 使用探索需求法挖掘竞品功能

目前看到的竞品功能都属于解决方案，需要对竞品功能进行拆解，然后通过探索需求法[①]找到竞品要解决的问题以及要满足的需求，再去构建解决方案。

下面以悦动圈为例介绍探索需求法的使用方法。

问1：为什么下载一个运动类App？

答1：辅助运动。

---

① 探索需求法就是挖掘竞品功能所满足的深层次的用户需求，以便找到更好的解决方案，提升产品的竞争力。

问2：App如何辅助运动？

答2：当用户想跑步时，打开App，在底部按钮组中，点击跑步图标即可开启一次运动。在弹出的界面中点击跑步按钮后，用户开始跑步，App会记录用户的跑步数据。

问3：跑步的过程中感觉特别累，无法坚持怎么办？

答3：智能跑步教练会适时地进行激励，并给予跑步建议。

问4：如果跑步过程中，有紧急事情需要临时处理，然后再继续跑步怎么办？

答4：点击暂停按钮，暂停跑步；处理完紧急事情后，再点击继续运动按钮继续跑步。

问5：跑步过程中，觉得很枯燥怎么办？

答5：可以点击跑步界面中的音乐按钮，选择一个喜欢的音乐，减少枯燥感。

问6：想看看周围是否有别的跑步者怎么办？

答6:悦动圈App暂时还不支持跑步过程中查看附近跑步者的功能。

通过探索需求法，验证了悦动圈的跑步辅助功能确实能够解决多个用户痛点问题，同时也发现了新的用户需求在目前的App中还未解决，需要进一步验证其可行性。（本案例中暂不针对此问题进一步展开，建议读者用此方法深入挖掘竞品的多个功能，提升自己的产品分析能力。）

9.2.3 绘制思维导图

根据用户研究和竞品分析的内容，提出Keep Running的核心功能，并以思维导图的方式进行梳理。为区别于其他几款已经较为成熟的App（都是综合式的运动类App），作为一个新入局的App，Keep Running只专注于一个垂直领域——跑步功能更有识别性，也会让喜欢跑步的用户更有信赖感。

在功能方面，Keep Running包含三大功能：天气（室外跑的相关信息）、数据（用户的运动数据，用于激励用户）和开始跑步（尽可能简化核心功能，让用户更直接地应用App的辅助运动）。其中，开始跑步功能根据用户使用场景又分为了室内跑、室外跑、燃脂跑、活动赛事。在每种场景下，都包含热身环节，尽可能培养用户安全运动的习惯，核心功能的延展的思维导图，如图9-6所示。

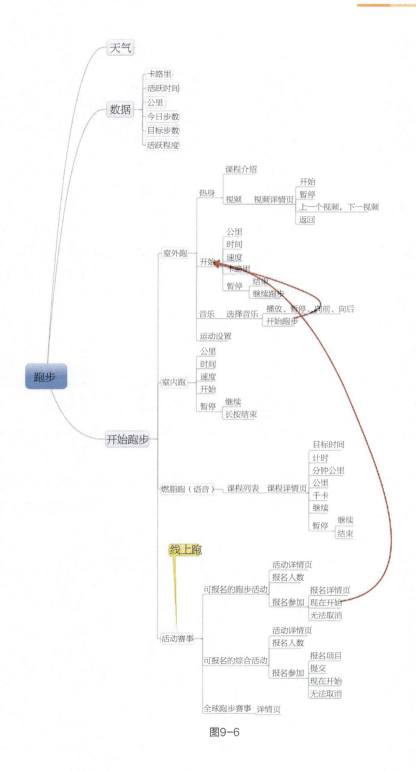

图9-6

9.2.4 产品定位

Keep Running的核心目标是帮助用户进行自我能力提升，因此，对用户运动数据的视觉化呈现是设计的重点。例如，每次运动后热量的消耗、个人运动数据记录、基于运动数据对用户进行激励的功能（运动目标、等级系统）等。通过对功能和模块的不断完善，逐渐让Keep Running从跑步工具App转型成为跑步平台App。

9.3 原型设计

根据前面绘制的思维导图理清App的核心功能，再进行原型设计。首先绘制线框图，划定基本布局，再设计原型图。检查原型图的功能逻辑是否顺畅，如果没有遗漏功能，则进行后面的高保真界面设计。

9.3.1 线框图

首页主要展示当前天气情况、今天已经完成的运动数据以及运动目标，对今天的运动成果的评级（是否活跃），以及近几日的历史运动数据，这些数据呈现的目的均为激励用户运动。

热身界面主要在跑步前和跑步后出现，功能入口放置在开始跑步功能旁边，让用户操作更方便。

根据调研发现，减脂是很多用户都需要的功能，所以在燃脂跑界面放置燃脂跑的课程及对应的燃脂跑功能，帮助用户更科学地达成运动目标。首页、热身、燃脂跑的线框图如图9-7所示。

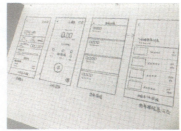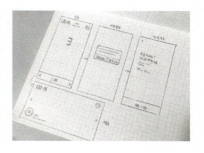

图9-7

9.3.2 原型图

本案例的原型图是在Sketch中绘制的,将线框图中设定好的功能一一进行呈现。该阶段主要实现各交互界面的静态原型,需要注意,一些小的弹窗、提示也要做好原型设计,避免做交互设计时遗漏。

1. 首页界面

首页采用的是底部式标签导航设计,共4个标签,分别是运动、发现、动态、我的。界面上半部分显示今日步数,下半部分则显示当前一周的运动数据,如图9-8所示。

2. 燃脂跑界面

在首页从右向左滑动屏幕,即可进入跑步界面,如图9-9所示。在跑步界面点击【燃脂跑】,则进入燃脂跑的课程界面,如图9-10所示。点击某一课程,则进入该课程的详情页,如图9-11所示。点击【参加课程】按钮,则加入该课程,进入该课程的训练界面,如图9-12所示。点击【开始第1次课程】按钮,即可开始运动,如图9-13所示。

图9-8　　　　　　　　　　图9-9　　　　　　　　　　图9-10

图9-11　　　　　　　　　图9-12　　　　　　　　　图9-13

3. 热身界面

在跑步界面点击【热身】按钮，则进入热身训练界面，该界面里有多种热身课程，如图9-14所示。点击其中一个热身课程，则进入该课程的详情页，如图9-15所示。

图9-14　　　　　　　　　　　　　　　　图9-15

点击【开始第1次课程】按钮，即可进行热身训练。如果想让热身训练的视频横屏播放，可以点击右上角的【横屏】按钮，如图9-16所示。点击【暂停】按钮▊，则会弹出警示框，询问用户是否确定退出，如图9-17所示。点击【确定退出】按钮，则弹出热身训练结束的界面，如图9-18所示。

图9-16

图9-17

图9-18

9.4 界面设计

扫码看视频

根据运动类App的原型图制作高保真界面。产品的界面颜色将以深色为主。简洁的界面、简单的操作，让用户不被功能困扰，用户可以更好地专注于运动。

1. 首页界面设计

首页界面的设计效果如图9-19所示。在"运动数据"内容的基础上增加了"我的活动"和"今日推荐"内容，让首页界面的内容更加丰富。

图9-19

2. 燃脂跑界面设计

燃脂跑界面的设计效果如图9-20所示。

图9-20

3．热身界面设计

热身界面的设计效果如图9-21所示。

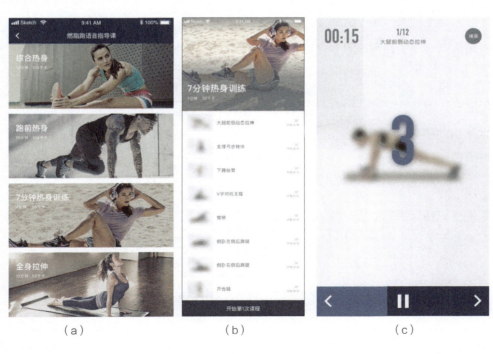

（a） （b） （c）

图9-21

（d）　　　　　　　　　　　（e）　　　　　　　　　　　（f）

图9-21（续）

作业：阅读类App产品设计

设计一款完整的阅读类App产品。

核心知识点： App产品设计规范，原型图制作规范，Sketch软件的应用。

尺寸： 375像素×667像素

颜色模式： RGB色彩模式。

分辨率： 72ppi。

背景颜色： 自定义。

作业要求

（1）制作过程要完整，要求绘制思维导图、线框图、原型图和高保真原型图，文案自拟。

（2）界面中包含导航栏、内容详情页、"我的"信息页面。

（3）作业提交JPG格式文件。

第 10 章

App产品运营：喜马拉雅如何通过运营手段成为行业先锋

App产品运营的目的是获取、激活、转化和留存用户，针对其发展的不同阶段，产品会有不同的运营重点。但是无论运营重点如何，运营的最终目的都是让用户持续地使用产品，并且在产品中消费，让企业从中获得收益。本章基于喜马拉雅，讲解其是如何通过各种运营手段成为在线音频行业的先锋的。

喜马拉雅是一款专业的在线音频分享平台，发布于2013年，其发展历程可以分为初创期、发展期和成熟期，下面将按照不同的发展时期对喜马拉雅的运营策略进行详细分析。

10.1 初创期

2013—2015年是喜马拉雅的初创期，在这个阶段喜马拉雅运营的重点是获取用户。喜马拉雅主要从用户运营和渠道运营两个方面来增加产品的曝光度，吸引用户下载和注册，为后续激活用户、转化用户打下基础。

在用户运营方面，喜马拉雅采用种子运营方式来获取用户。针对传统主播、DJ（唱片节目主持人）在传统音频领域竞争面临红海的痛点，喜马拉雅与他们进行独家合作，让他们入驻平台。这些人就是第一批种子用户，他们本身又有一定的"粉丝"基础，在入驻平台后，通过第一批种子用户的推荐，吸引第二批、第三批的用户。同时由于喜马拉雅也是一个在线音频分享平台，吸引来的用户也可以在平台上传自己的音频作品，吸引新的用户。在线音频这个圈子虽然比较小，但是由于这类群体拥有很强的自转播性，所以可以通过这个方法来不断地吸引新的用户完成喜马拉雅原始的用户积累。

在渠道运营方面，喜马拉雅与当时热门的节目《中国好声音》进行合作，用户可以在喜马拉雅App里试听《中国好声音》，并为喜欢的选手投票。《中国好声音》本身就有很大的曝光量和影响力，同时它也需要借助喜马拉雅平台来扩大传播渠道，也就是《中国好声音》节目组与喜马拉雅平台互相借助对方的影响力，获取对方平台的流量，实现共赢。

在2015年，喜马拉雅宣布与科大讯飞股份有限公司（以下简称科大讯飞）达成战略合作，将音频接入智能终端，利用科大讯飞的语音识别、语义识别等技术，用户可以方便地通过语音在喜马拉雅的海量音频库中找到喜欢的节目，满足娱乐需求。通过智能终端，喜马拉雅可以在更多的场景中使用，例如车载，以满足更多用户的需求。

10.2 发展期

2016—2017年是喜马拉雅的发展期。经过前三年的用户积累，发展期的喜马拉雅在持续获取新用户的同时将运营重点转向用户的激活和转化，让激活和转化获取的用户在喜马拉雅App中活跃起来并且进行消费，毕竟获取流量收益和服务收益才是喜马拉雅最终的运营目的。在这个阶段，喜马拉雅主要从用户运营、内容运营、活动运营3个方面来激活用户和转化用户。

在用户运营方面，针对个人用户，采取如下运营措施。

（1）与热门节目合作，以用户需求为核心，引导"粉丝"来平台。喜马拉雅持续上线诸如《好好说话》《罗辑思维》《吐槽大会》《中国好歌曲》等自带流量的头部节目，将节目的"粉丝"吸引到平台，同时平台也为节目扩大宣传渠道，与头部节目实现换量共赢。其中马东带领《奇葩说》的辩手所做的名为"好好说话"的音频课程上线10天就创造近千万的收入。

（2）与关键意见领袖（Key Opinion Leader，KOL）合作，为优质节目提供推荐位置，推动KOL分享节目到自有平台，吸引KOL的"粉丝"成为平台用户。例如，某主播本身在微博上就拥有百万名的"粉丝"，其在微博上的文章就为平台进行了间接推广。

在内容运营方面，2016年，喜马拉雅与中信出版集团、阅文集团、中南出版传媒集团股份有限公司、上海译文出版社、果麦文化传媒股份有限公司等出版商，在有声书改编、IP孵化、版权保护等方面达成战略合作，进一步对知识服务内容布局，丰富平台内容，满足不同人群的需求。

在活动运营方面，采取如下运营措施。

（1）2016年12月推出"123知识狂欢节"，定义业内盛典。

"123知识狂欢节"是喜马拉雅推出的国内首个内容消费节，类似淘宝的"双十一"、京东的"6·18"，打造属于自己平台的购物狂欢节，让用户可以在时间节点前预知活动的来临。创办该活动的目的就是增强用户在平台上的活跃度，提高用户对付费知识的重视，号召全民重视知识的价值，培养用户养成听书的习惯。

在活动前，喜马拉雅向平台用户分发总价值为2亿元的"知识红包"。马东、吴晓波、龚琳娜等850位"知识网红"的2000多个精品课程参与本次狂欢节。在个人成长、商业智慧、人文新知、有声书、亲子宝典、情感心理等内容专场，所有的用户都可以以5折或更低的价格获得参与活动的付费课程。其中马东的"好好说话"成为现象级产品。同时一些专业人士、素人也迅速占据知识创业的份额，如上海音乐学院的田艺苗副教授的付费课"古典音乐很难么？"上线后4周就蝉联榜首。最终，根据喜马拉雅的战报数据，首届知识狂欢节总销售额达到了5088万元。

（2）2017年，针对会员举办"66会员日"活动，通过活动促进用户转化，培养用户付费使用的习惯。

"66会员日"是喜马拉雅打造的内容消费行业的首个会员日。2016年是知识付费元年，在2017年知识付费一周年这个特殊时期，当各大平台纷纷助推知识付费时，喜马拉雅乘势推出第一个内容付费会员日——66会员日。其通过开放会员权益，为现有知识付费用户提供更加精准且优质的服务。活动整体分为预热期、引爆期和冷静期，如图10-1所示。

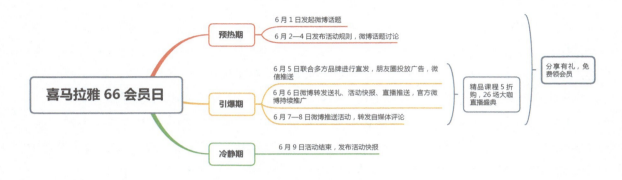

图10-1

"66会员日"活动的付费转化流程就是活动页浏览、活动页分享、领取会员名额和5折券、课程页浏览、购买。在最大程度上避免用户跳出此步骤，实现付费转化。图10-2所示为"66会员日"的活动规则。

图10-2

总之，这个运营活动的成功，关键是抓住了用户尝鲜的心理，加上精品课程本身的吸引力，同时设置较低的参与门槛，最终刺激用户参与活动，甚至转化为付费用户。根据喜马拉雅官方公布的数据，在"66会员日"活动期间，6月6日喜马拉雅的会员数超过221万；6月8日活动结束时，喜马拉雅共召集了342万会员，产生了知识消费6114万元。

10.3 成熟期

自2018年起，喜马拉雅进入了成熟期。在这个阶段，喜马拉雅App产品的功能已经成熟，并且有稳定的用户，在这个时期的运营重点是如何将平台内的用户转化和留存。

在产品整个生命周期中避免不了用户流失的问题，针对这个问题，喜马拉雅主要从两个方面来减少用户流失。

（1）从产品本身，优化App功能，提升用户流失的成本。

在优化App功能方面，喜马拉雅针对所有用户推出流量包。相比图文，音频是比较消耗流量的，流量包针对缺流量的用户，可以扩充它的使用场景，用户不再受限于Wi-Fi；针对主播，有降低录音和直播的成本、优化剪辑的功能，主播在创作中可以降低学习成本，提高变现速度；针对会员，有会员免费听、会员专享、免声音广告、尊贵标识、超高音质等会员特权。

在提升用户流失成本方面，喜马拉雅强化用户在金钱、时间等方面的投入，用户在喜马拉雅上投入的越多，在使用过程中就越不容易放弃。例如，通过年度会员、月度会员制度等强化用户金钱的投入，提升用户使用中放弃的成本，如图10-3所示。在放弃前用户会有舍不得、亏了的感觉，有益于用户留存。

通过阶段性任务强化用户的时间投入，如听3个小时增加1个成长值，用户使用成长值可以获得付费通用券，如图10-4所示。用户为了获得成长值就会持续收听，直到成长值要求的时间。

图10-3

图10-4

（2）对已经流失的用户通过一系列的运营手段进行召回。例如，在"双十一""66会员日"给用户推送消息，吸引用户回来，留存用户；通过App、短信推送信息召回用户。App推动信息的优势是打开率更高且无成本，而短信推送信息的优势是适用人群更广，提醒能力更强。

在此期间，喜马拉雅还通过活动运营来进一步转化和留存用户。例如，针对主播制定一系列的扶持计划，包括优质内容创作者的扶持计划——万人十亿新声计划，纯音乐人扶持计划——喜乐计划。针对用户举办"423听书节"，使其成为知识付费消费日。其中，"万人十亿新声计划"是在2018年推出的，针对中腰部音频内容创作者的现实需求，喜马拉雅从资金、流量及创业孵化3个层面全面扶植音频内容创业者，帮助创作者变现。"喜乐计划"主要针对纯音乐人，由喜马拉雅与李云迪共同发起，征集热爱器乐演奏、爱好纯音乐创作、热衷弹唱的纯音乐人加入。这也是满足用户需要功能类型多样、沉浸感强的纯音乐来疗愈、放松的需求。

"423听书节"是喜马拉雅在2018年借助4月23日世界读书日的背景推出的知识付费的消费活动，该活动将有声书作为吸引用户付费的全新动力。在2020年，该活动从预热开始，并将预热分为3个阶段。

第一阶段，线下发起"emoji猜书名"活动；第二阶段，线上微博与线下呼应举办"用表情包猜书名太难了"活动；第三阶段，举办有声图书馆活动，用户可以向有声图书馆推荐他认为有价值的书。喜马拉雅将根据推荐量，将在排行榜中靠前的书优先有声化。这个活动是喜马拉雅和中国盲人协会联合举办的，视障人群可以在有声图书馆免费阅读。喜马拉雅希望通过该活动与用户一起建设一座有声图书馆，每个人都可以通过有声图书图书馆汲取知识与信息，如图10-5所示。

图10-5

在"423听书节"的预热活动中，有声图书馆活动是重头戏，其充满情怀的文案和公益性极大地调动了用户的参与热情，同时活动在喜马拉雅App中举办，通过活动将用户引入App。

自4月22日凌晨活动开始，活动整体分为5个模块，包括有声图书馆、签到领津贴、会员专区、好书推荐和书单活动。活动的主要目的就是促进用户转化。

最终喜马拉雅大数据显示，2020年第一季度有声阅读人数呈爆发式增长，相比2019年同期增长63%，总收听时长增长近100%。

从喜马拉雅这3个时期的运营策略可以看出，无论是哪种运营措施，其最终目的都是要实现用户的获取、激活、转化和留存，为用户提供使用价值，同时从合作方和用户身上获取价值。而在运营过程中，运营人员需要根据产品所处的时期，明确本阶段的运营目标，有针对性地制定运营策略。

未来随着技术的不断发展，同领域的产品将逐渐区分不出明显的差别，竞争也会越来越激烈，此时决定产品成败与否的关键就是运营。运营人员需要随着产品的发展历程不断地调整运营策略，从而使产品获得用户青睐，最终成为行业中的先锋。

10.4 同步强化模拟题

一、单选题

1. 运营的最终目的就是（　　），并且在产品中进行消费从而获取收益。

A. 消费　　　　　　　　　　　　B. 让用户持续地使用产品

C. 免费使用　　　　　　　　　　D. 获取用户

2. 2013—2015年是喜马拉雅的初创期，在这个阶段喜马拉雅运营的重点是（　　）。

A. 促进用户消费　　　　　　　　B. 获取收益

C. 完善产品　　　　　　　　　　D. 获取用户

3. 2016—2017年是喜马拉雅的发展期。经过前三年时间的用户积累，在发展期的喜马拉雅在持续获取新用户的同时将运营重点转向用户的（　　）。

A. 获取　　　　　　　　　　　　B. 激活和转化

C. 留存　　　　　　　　　　　　D. 消费

4. 喜马拉雅在成熟期的运营重点是如何将平台内的用户（　　）。

A. 获取　　　　　　　　　　　　B. 激活

C. 转化和留存　　　　　　　　　D. 消费

二、多选题

1. App产品运营的目的是（　　）用户，针对其发展的不同阶段产品会有一个运营重点。

A. 获取

B. 激活

C. 转化

D. 留存

E. 消费

2. 2016—2017年是喜马拉雅的发展期，在这个时期，喜马拉雅主要运用了（　　）等运营方法。

A. 推广运营

B. 用户运营

C. 内容运营

D. 活动运营

3. 喜马拉雅App的最终的运营目的是（　　）。

A. 获取流量收益

B. 获取服务收益

C. 实现资源共享

D. 获得用户

三、判断题

1. 喜马拉雅是一款专业的在线音频分享平台，其于2013年发布，其发展历程可以分为初创期、发展期和成熟期。（　　）

2. 未来随着技术的不断发展，同领域的产品将逐渐区分不出明显的差别，竞争也会越来越激烈，此时决定产品成败与否的关键就是技术更新。（　　）

作业：为生鲜电商类App产品做运营活动

选择一款生鲜电商类App，为其策划一次运营活动，以增加用户购买次数。

附录 同步强化模拟题答案速查表

第1章　App产品交互设计入门

一、单选题

题号	1	2	3
答案	C	B	A

二、多选题

题号	1	2
答案	AB	AB

三、判断题

题号	1	2	3
答案	×	√	√

第2章　团队协作管理App项目

一、单选题

题号	1	2	3
答案	B	A	B

二、多选题

题号	1	2	3	4
答案	ABCD	BC	ABCD	ABCD

三、判断题

题号	1	2	3
答案	√	×	×

第3章　梳理App产品交互设计创意

一、单选题

题号	1	2	3	4	5
答案	C	C	A	B	B

二、多选题

题号	1	2	3
答案	ABCE	ABDE	ABCD

三、判断题

题号	1	2	3
答案	√	×	×

第4章　制作流程图

一、单选题

题号	1	2	3	4	5
答案	B	A	C	B	D

二、多选题

题号	1	2	3
答案	ABC	ABD	ABD

三、判断题

题号	1	2	3
答案	√	×	×

第5章　App产品交互原型设计

一、单选题

题号	1	2	3	4	5
答案	A	C	B	A	D

二、多选题

题号	1	2	3
答案	ABCDG	ABD	BCD

三、判断题

题号	1	2	3
答案	√	√	×

第6章　移动端App产品设计规范

一、单选题

题号	1	2	3
答案	A	C	D

二、多选题

题号	1	2	3
答案	ABCDE	AC	DB

二、多选题

题号	1	2	3
答案	ABCD	BCD	ABCDE

三、判断题

题号	1	2	3
答案	×	×	×

三、判断题

题号	1	2	3
答案	√	√	×

第7章　组件设计

一、单选题

题号	1	2	3
答案	B	C	A

第10章　App产品运营：喜马拉雅如何通过运营手段成为行业先锋

一、单选题

题号	1	2	3	4
答案	B	D	B	C

二、多选题

题号	1	2	3
答案	ABCDE	ABCD	ABC

二、多选题

题号	1	2	3
答案	ABCD	BCD	AB

三、判断题

题号	1	2	3
答案	√	×	√

三、判断题

题号	1	2
答案	√	×

第8章　微交互设计

一、单选题

题号	1	2	3
答案	B	C	A